A TRIPLA HÉLICE

Gene·Organismo·Ambiente

Título original: *Gene, Organismo, Ambiente*

Tradução: Alberto Vasconcelos

Revisão: Pedro Bernardo

Capa de Arcângela Marques

Depósito Legal nº 167533/01

ISBN 972-44-1077-3

EDIÇÕES 70, Lda.
Rua Luciano Cordeiro, 123 – 2º Esqº – 1069-157 Lisboa / Portugal
Telefs.: 21 3190240
Fax: 21 3190249
e-mail: edi.70@mail.telepac.pt

Richard Lewontin

A TRIPLA HÉLICE

Gene·Organismo·Ambiente

edições 70

I

Genes e organismo: a questão do desenvolvimento

I

Não é possível fazer ciência sem utilizar uma linguagem rica em metáforas. A ciência moderna é, virtualmente, uma tentativa de explicação de fenómenos que os seres humanos podem experimentar directamente, tendo como referência forças e processos dos quais não podemos ter uma percepção imediata porque, ou são demasiadamente pequenos, como as moléculas, ou demasiado grandes, como o universo conhecido, ou resultam de forças que os nossos sentidos não podem detectar, como o electromagnetismo, ou são o resultado de interacções extremamente complexas, como o nascimento de um único organismo a partir do momento em que é concebido como óvulo fertilizado. Tais explicações não devem ser apenas premissas formais, expressas numa linguagem técnica convencionada, mas devem, antes, fundamentar-se na compreensão do mundo que adquirimos com a experiência quotidiana, recorrendo necessariamente a uma linguagem metafórica. Os físicos falam de «ondas» e de «partículas» ainda que não haja nenhum meio em que essas ondas se movimentem, nem se possa atribuir àquelas partículas qualquer consistência. Os biólogos falam dos genes como «programas» e do ADN como «informação». De facto, toda a ciência moderna assenta na metáfora do mundo como máquina, apresentada por Descartes, na quinta parte do seu *Discurso do Método* [Edições 70, Lisboa, pp. 83-99] para explicar o funcionamento dos organismos, e que mais tarde foi generalizada, tornando-se num modo de interpretação de todo o universo. «Até agora descrevi esta Terra, e todo o mundo visível em geral, como se fosse apenas uma máquina, onde só há a considerar as figuras e o movimento das respectivas partículas» (*Princípios de Filosofia, IV*, 188 [Edições 70, Lisboa, p. 265]).

Embora não possamos dispensar a metáfora ao pensarmos na natureza, corremos o risco de a confundir com o que realmente interessa. Deixamos de ver o mundo «como se» fosse uma máquina, e começamos a pensar que é uma máquina. Consequentemente, as propriedades que atribuímos ao objecto do nosso interesse, e as questões que sobre ele levantamos, reforçam a imagem metafórica inicial, e perdemos os aspectos do sistema que não se englobam na aproximação metafórica. Como escreveu Norbert Wiener: «O preço da metáfora é a eterna vigilância».

Um dos problemas centrais da Biologia, não só para os biólogos mas também para as pessoas em geral, é a questão da origem das semelhanças e das diferenças entre os indivíduos da mesma espécie. Porque serão uns baixos e outros altos, uns gordos e outros magros, uns espertos e outros estúpidos, uns bem sucedidos e outros falhados? A princípio, cada um de nós é constituído por uma única célula, um óvulo fertilizado que não é nem alto nem baixo, nem esperto nem estúpido. Através de uma série de divisões e diferenciações celulares, e dos movimentos dos tecidos, acaba por gradualmente se formar um organismo completo, com ventre e dorso, um meio interno e uma forma externa, e uma série de órgãos que interagem uns com os outros de uma maneira complexa. Alterações de dimensão, forma e função, verificam-se continuamente no decurso da vida, até ao momento da morte. À medida que envelhecemos tornamo-nos inicialmente mais altos, e depois mais baixos, os nossos músculos ficam fortes e depois enfraquecem, o nosso cérebro adquire mais informação, e depois parece perdê-la. O termo técnico para definir estas mudanças que caracterizam a vida é desenvolvimento, e o estudo deste processo é chamado «biologia do desenvolvimento» (ou, de acordo com as disciplinas cognitivas e comportamentais «psicologia do desenvolvimento»). Mas o termo «desenvolvimento» é uma metáfora que, antes de mais, se compromete com a natureza do processo. Desenvolvimento (em inglês *development*, em espanhol *desarrollo*, em alemão *Entwicklung*) significa, literalmente, uma revelação ou desdobramento de qualquer coisa que está já presente, e de algum modo, pré-formada. Comporta o mesmo sentido com que empregamos a palavra «revelação» para designar o processo de visualização de uma imagem fotográfica, pois esta está já presente na película, e o processo de revelação apenas evidencia o que estava latente. É precisamente este o significado que o desenvolvimento dos organismos tem na disciplina biológica que dele se ocupa, e que actualmente está, por completo, assente no estudo dos genes, enquanto o ambiente desempenha apenas um papel de fundo. Defende-se que os genes contidos no óvulo fertilizado determinam a estrutura final de um organismo, enquanto o ambiente, no qual o desenvolvimento tem lugar, satisfaz, simplesmente, uma série de condições que permitem aos genes a expressão da informação que detêm, tal como uma película fotográfica revela a sua imagem latente, uma vez imersa na solução de revelação, à temperatura apropriada. O conflito entre duas teorias da reprodução, a Pré-formação e a Epigénese, foi um dos problemas fundamentais da ciência pré-moderna. De acordo com a primeira, cada espermatozóide continha, à partida, um organismo adulto em miniatura, e o desenvolvimento seria apenas o crescimento, e a consolidação, deste ser minúsculo. Os manuais de biologia actuais mostram frequentemente, como exemplo das noções bizarras do passado, uma ilustração de século XVIII que representa um minúsculo homúnculo dentro de um espermatozóide. Pelo contrário, a teoria da Epigénese defendia que o organismo não estava formado no óvulo fertilizado, mas seria resultado de profundas alterações morfológicas que ocorreriam durante a embriogénese. É comum ouvirmos dizer que a teoria epigenista tinha, decididamente, derrotado a doutrina pré-formacionista. No fim de contas, nada nos poderia parecer mais absurdo do que a ideia de um homenzinho minúsculo dentro de um espermatozóide. No entanto, foi o pré-formacionismo que realmente triunfou, pois, essencialmente, não existe qualquer diferença, para além de alguns pormenores, entre a ideia de o organismo estar, à partida, completamente formado dentro do óvulo fertilizado, e a de, também no óvulo fertilizado, existir um programa genético completo com toda a informação necessária ao desenvolvimento de um ser.

O uso do conceito de «desenvolvimento» para descrever as contínuas alterações de um organismo ao longo da vida, não significa apenas que a linguagem de que dispomos condiciona as nossas ideias. Quando se decidiu transformar uma língua morta, como o hebraico, numa língua moderna, com um vocabulário técnico, a palavra escolhida para designar o desenvolvimento de um organismo, foi a mesma escolhida para a revelação de uma película, mas na sua forma reflexiva, pelo que um organismo, literalmente, «desenvolve-se a si mesmo». De certa maneira, palavra evolução tem o mesmo sentido de «desdobramento», e antes de Darwin, toda a história da vida na terra era entendida como uma sucessão ordenada de fases imanentes. Apesar de Darwin ter libertado a teoria evolutiva deste elemento de pré-determinação, a sua história intelectual deixou vestígios na palavra «evolução». No uso destes termos reflecte-se uma convicção profunda, de acordo com a qual os organismos, na sua história individual e evolutiva, são determinados por forças internas, por um programa inato do qual não são mais que manifestações exteriores. Herdamo-la do entendimento tipológico platónico da natureza, segundo o qual as concretizações da matéria, que podem diferir umas das outras em maior ou menor grau, são manifestações imperfeitas e acidentais dos tipos ideais. O real é o ideal visto «através de um vidro, obscuramente». Esta era a concepção das espécies que predominou até ao século XX. Cada espécie era representada pela descrição de um «tipo», e a materializá-lo existia um espécimen real, representativo do tipo, guardado numa colecção, enquanto todos os outros exemplares da espécie, que constituíam variações do tipo, eram consideradas como realizações imperfeitas do modelo ideal. A ocupação da biologia, nessa época, consistia em dar uma correcta descrição anatómica e funcional dos «tipos» e explicar as suas origens. A actual biologia evolutiva refuta estes ideais platónicos, e defende que a realidade a explicar são as efectivas variações que ocorrem entre os organismos. Esta mudança de abordagem é uma consequência dos princípios da concepção darwiniana, segundo a qual as variações entre os organismos constituem o suporte material do qual dependem as alterações evolutivas.

O contraste que existe entre a moderna teoria platónica do desenvolvimento e a teoria darwiniana da evolução, reflecte as diferenças entre dois modos de explicar as mudanças dos sistemas ao longo do tempo. O desenvolvimento é uma teoria transformacional de evolução. Nas teorias transformacionais, todo um conjunto de objectos se modifica porque cada um dos seus elementos está sujeito a leis que a todos são comuns. O universo evolui porque todas as estrelas, da mesma massa inicial, passam pela mesma sequência de transformações termonucleares e gravitacionais, até atingir uma posição previsível na sequência principal. Considerados como um grupo, os septuagenários têm mais cabelos brancos e uma memória mais fraca do que as pessoas de trinta e cinco anos, porque o corpo e a mente de todos os indivíduos do grupo envelheceram. Pelo contrário, a teoria darwiniana da evolução orgânica assenta num modelo variabílistico da evolução. Um conjunto de indivíduos modifica-se, não porque cada deles atravesse um desenvolvimento paralelo ao dos restantes, mas sim porque entre eles existem variações, e algumas delas vivem mais tempo e deixam mais descendência do que outras. Assim, o conjunto modifica-se como um todo, em virtude de uma alteração na representação proporcional das diversas variantes que, em si mesmas, não alteram as suas propriedades. Se os insectos se estão a tornar mais resistentes aos insecticidas, não é porque cada um dos indivíduos esteja a adquirir uma resistência cada vez maior no decurso da sua vida, mas sim, porque as variantes mais resistentes sobrevivem, reproduzindo-se os organismos que as detêm, enquanto os mais débeis perecem.

Uma consequência das diferenças entre estes dois modelos do processo evolutivo, é o facto de as problemáticas centrais das disciplinas biológicas que os adoptaram serem distintas. No centro da atenção dos evolucionistas estão as diferenças que existem entre os indivíduos da mesma espécie, e aquelas que ocorrem entre espécies muito próximas. A variação é o seu objecto principal de pesquisa e, consequentemente, há que explicar as suas causas e incorporá-la nas teorias da origem e da evolução das espécies. As semelhanças entre organismos são entendidas, essencialmente, como uma consequência histórica de um ancestral comum. São as semelhanças o que se espera encontrar entre parentes chegados, mais do que os resultados de leis funcionais. De facto, toda a sistemática, cujo objectivo é reconstituir as relações de parentesco entre as espécies, bem como os seus padrões de ancestralidade, utiliza como únicos dados as semelhanças observadas. Aos biólogos do desenvolvimento, por outro lado, não interessam as variações que existem entre os indivíduos, nem sequer as que ocorrem entre as espécies. Consideram-nas maçadoras, e ignoram-nas sempre que podem. O fulcro do seu interesse é o conjunto de mecanismos comuns a todos os indivíduos, e de preferência, a todas as espécies. A biologia do desenvolvimento não se preocupa em explicar as variações anatómicas e comportamentais extraordinárias que, inclusivamente, se podem encontrar até entre os filhos da mesma mãe e do mesmo pai, e com base nas quais distinguimos os indivíduos. Nem sequer os grandes afastamentos entre as espécies interessam a esta ciência. Nenhum biólogo do desenvolvimento questiona o facto de os seres humanos e os chimpanzés parecerem tão diferentes, sem ser para responder que os seus genes não são iguais. A problemática actual da biologia do desenvolvimento respeita ao conhecimento dos processos através dos quais um óvulo fertilizado se diferencia num embrião, com uma cabeça num extremo e um ânus no outro, com dois braços e duas pernas correctamente inseridos no tronco, em vez de seis ou oito apêndices projectados a partir da zona central do corpo, ao porquê de o estômago se encontrar no interior e os olhos no exterior.

A atenção dada aos processos de desenvolvimento que parecem ser comuns a todos os organismos, acaba por reflectir-se nos elementos causais que também são comuns. Mas estes devem ser internos ao organismo, integrando a sua essência imutável, em vez de derivarem de forças acidentais e variáveis do ambiente exterior. É esta essência inalterável que é entendida como contida nos genes.

Um dos mais eminentes biólogos moleculares, Sydney Brenner, falando a um grupo de colegas, afirmou que se tivesse a sequência completa do ADN de um organismo, e um computador suficientemente potente, poderia simular esse organismo. A ironia simbólica desta afirmação, é que esta fazia parte do seu discurso de abertura de um encontro em que se comemorava o centenário da morte de Darwin([1]). Uma postura intelectual semelhante está na base de uma afirmação feita por outra impor-

([1]) Bendall, D. S., org. *Evolution From Molecules to Men*, Cambridge University Press, Cambridge, 1983

tante figura da biologia molecular, Walter Gilbert(2). Segundo este investigador, quando tivermos a sequência completa do genoma humano «saberemos o que significa ser humano». Assim como a metáfora do desenvolvimento implica uma rígida pré-determinação interna do organismo, imposta pelos seus genes, a linguagem usada para descrever a bioquímica desses mesmos genes implica uma auto-suficiência do ADN. Em primeiro lugar, o ADN é classificado como «autoreplicante», por produzir cópias de si mesmo para todas as células. Em segundo lugar, diz-se que o ADN «fabrica» todas as proteínas que constituem as enzimas e os elementos estruturais do organismo. O projecto que tem como objectivo a descodificação da sequência completa do ADN humano, tem sido apelidado pelos biólogos moleculares como a «busca do Santo Graal», e a metáfora do Graal parece perfeita, pois dele se dizia que se auto-renovava (embora só à Sexta-feira Santa), e que daria alimento eterno a todos aqueles que o partilhassem, *sans serjant et sans senschal* (*) (ou seja, sem qualquer ajuda material). A metáfora do desenvolvimento fica assim completa, do nível molecular ao do organismo. As moléculas que se reproduzem a si mesmas, e que têm a capacidade de produzir as outras moléculas de um ser vivo, contêm todas as informações necessárias para especificar o organismo completo. O desenvolvimento de um indivíduo é explicado como a concretização de uma sequência de eventos pré-estabelecidos por um programa genético. O raciocínio geral subjacente às explicações baseadas no desenvolvimento procura detectar todos os genes que dão instruções para este programa, e traçar as cadeias de sinais que ocorrem entre eles. Assim, a explicação final da biologia do desenvolvimento será qualquer coisa do género: «a divisão da célula activa o gene A, o qual codifica uma proteína que se liga ao ADN nas regiões promotoras do gene B e do gene C, o que terá como resultado a activação daqueles, cujas respectivas proteínas se conjugarão para formar um complexo que desactiva o gene A na célula próxima da superfície, mas não na mais interior que, etc., etc.,». Quando esta explicação estiver finalmente completa,

(2) «A vision of the Grail» *in* Kelves, Daniel J. e Hood, Leroy, *The Code of the Codes: Scientific and Social Issues in the Human Genome Project*, Harvard University Press, Cambridge, 1991

(*) Em francês no original. (N. T.)

o que certamente acontecerá para grande parte do desenvolvimento embrionário inicial dos vermes e da mosca da fruta num futuro não muito longínquo, dir-se-á que o problema fundamental está resolvido. De um modo geral, alguns elementos desta explicação deverão ser comuns, não só aos exemplares do ideal de espécie, mas também a um vasto número de espécies semelhantes. A descoberta mais empolgante da biologia do desenvolvimento foi a da existência de genes que se ocupam do ordenamento das diversas partes de um organismo, de uma extremidade à outra, designados por genes *homeobox*, que se encontram nos seres humanos, nos insectos, nos vermes, e até nas plantas.

Uma última característica do modelo teórico do desdobramento é o facto de a vida ser encarada como uma sequência regular de fases, pelas quais um sistema em vias de desenvolvimento deverá passar, e em que a realização bem sucedida de uma fase é sinal e condição necessária para passar à seguinte. As diferenças de desenvolvimento entre as espécies e os indivíduos são, assim, consideradas como o resultado da adição de novas etapas, ou de um «bloqueio» no desenvolvimento, durante uma fase prematura. De acordo com esta teoria, o ambiente externo desempenha um duplo papel. Em primeiro lugar, um elemento ambiental pode ser necessário para despoletar o processo. As plantas do deserto produzem sementes que ficam inactivas no terreno, que é árido, até que a chuva ocasional as desperta e dá inicio ao desenvolvimento embrionário. Em segundo lugar, a partir do momento em que o mecanismo é activado, dando, assim, início ao processo, têm que existir as condições ambientais mínimas que permitam a concretização das fases do desenvolvimento, internamente programadas, da mesma forma que para revelar uma película fotográfica é necessária uma série de banhos químicos apropriados, sem que nenhum deles altere a imagem final. A convicção de que as fases regulares representam a normalidade, e a paragem no desenvolvimento dá origem à anormalidade, comporta noções basilares nas teorias de maturação psicológica, como a de Piaget, de acordo com a qual a criança deve atravessar uma série de estádios para chegar à maturidade psicológica, e a teoria freudiana da fixação em estádios eróticos infantis, como o anal ou oral, que pode revelar-se uma fonte de nevroses. O próprio evolucionismo tem a sua quota parte de teorias de estádios. É um facto que os fetos humanos e os de macaco se assemelham muito mais do que os adultos, e que o adulto humano tem características morfológicas semelhantes aos fetos de macaco, como por exemplo a forma do crânio e da face. A generalização destas observações contribuiu muito para a teoria da neotenia, segundo a qual existe, no processo de evolução, uma tendência para nascer sempre mais cedo, interrompendo o desenvolvimento numa fase que, em relação à sequência preexistente, não é a última. No entanto, sempre que analisamos estádios embrionários ainda mais primitivos, e os comparamos com formas com as quais a associação é muito mais distante, observa-se a tendência oposta. Os embriões dos vertebrados terrestres, nas suas primeiras fases de desenvolvimento, têm fendas para a formação de brânquias, tal como os peixes e os anfíbios, que mais tarde desaparecem. Isto é um exemplo da lei, segundo a qual, «a ontogenia recapitula a filogenia». Organismos que, evolutivamente, apareceram mais tarde, parecem ter acrescentado novos estádios ao seu desenvolvimento, enquanto continuam a atravessar os dos seus antepassados. Na história da teoria da evolução, tempos houve em que estas regularidades eram consideradas propriedades causais gerais do desenvolvimento e da evolução, mas, com o aparecimento da moderna biologia mecaniscista, passaram de moda. No entanto, com a descoberta dos genes *homeobox,* rejuvenesceram, de forma mais sofisticada. Se todos os animais partilham um programa genético rígido, de diferenciações antero-posteriores e dorso-ventrais, então é fácil imaginar como é que a evolução pode acrescentar e subtrair estádios a este programa comum, modificando o sistema de sinalização dos genes.

A estrutura da teoria do desenvolvimento como revelação de um programa genético pré-determinado, influencia significativamente as explicações da considerável variação que existe entre os organismos. Se bem que a biologia do desenvolvimento não tem um interesse particular nesta matéria, a existência de variações entre os indivíduos é considerada na sua investigação através do uso das mutações genéticas, que exercem efeitos importantes no desenvolvimento. O método universal para demonstrar que um gene é importante, como por exemplo no desenvolvimento das asas de um insecto, é encontrar uma mutação naquele gene, que impeça a formação das asas, ou, o que ainda é mais interessante, que despolete a formação de asas que não existam no indivíduo normal. O uso das mutações genéticas relevantes como instrumento fundamental em investigação experimental, é um modo de reforçar uma prática que convence os biólogos que quaisquer que sejam as variações observadas entre os organismos, resultam forçosamente de diferenças genéticas, e o reforço desta ideia expande-se até à biologia teórica em geral. Apesar de na elaboração da teoria do desenvolvimento não se terem em conta as observações sobre as variações naturais que ocorrem entre os indivíduos, a existência destas é, para todos, óbvia. Na espécie humana, esta variaçao pode ter consequências importantes, tanto para o indivíduo como para a sociedade. Todas as diferenças de temperamento, de posse de capacidades especiais, físicas ou mentais, de saúde e de doença, ou de poder social requerem uma explicação. Actualmente, reina a explicação genética. Reafirmada pelo facto de algumas doenças humanas resultarem de mutações genéticas claramente identificadas, todas as variações, na nossa espécie, são hoje atribuídas a diferenças genéticas. Dado o facto indiscutível de mutações genéticas, como a Tay Sachs, ou anomalias como a síndrome de Down, darem origem a variações patológicas, conclui-se que até as doenças cardíacas, a diabetes, o cancro da mama e a neurose maníaco-depressiva devem ser variantes genéticas. E esta explicação não é somente aplicada às variações patológicas. As variações de preferência sexual, de rendimento escolar e de posição social são também vistas como consequência de diferenças entre os patrimónios genéticos. Se o desenvolvimento de um indivíduo não é mais que o desdobramento de um programa genético, imanente no óvulo fertilizado, então, a variabilidade de resultados do desenvolvimento deverá ser consequência das variações desse programa.

O problema da tentativa de explicação contida na metáfora do desenvolvimento é que se trata de má biologia. Se tivéssemos a sequência completa do ADN de um organismo, e uma capacidade ilimitada de computação, não poderíamos, de qualquer maneira, simulá-lo, porque um organismo não se simula somente a partir dos seus genes. Um computador que nos permitisse usufruir de um conjunto de capacidades informáticas tão limitadas que equivalessem ao que organismo faz a partir do seu programa genético, seria deitado ao lixo, e quem o tivesse fabricado seria processado pelo cliente. É verdade que os leões são diferentes dos carneiros por terem genes diferentes, e para dar uma explicação satisfatória para estas diferenças não é necessário apelar a outros factores. Mas se quisermos saber por que é que dois carneiros são diferentes entre si, a descrição das suas diferenças genéticas não é suficiente, e para algumas características poderão ser mesmo irrelevantes. Um computador muito fraco desenvolverá um trabalho satisfatório se apenas estivermos interessados em cálculos até uma certa ordem de grandeza, mas para um cálculo exacto até à décima casa teremos necessidade de uma máquina diferente. Existe, e já há muito tempo, um conjunto considerável de provas que demonstram que a ontogénese de um organismo é a consequência da intersecção única que ocorre entre os genes de que é portador, a sequência de ambientes externos com os quais entra em contacto ao longo da sua vida e as interacções moleculares aleatórias que ocorrem no interior das células. São todas estas interacções que se deve ter em conta para explicar como se forma um organismo.

Em primeiro lugar, embora a existência de uma sucessão de estádios internamente pré-fixados seja uma característica do desenvolvimento, não é universal. Um caso exemplar é o do padrão do ciclo de vida de algumas trepadeiras da floresta tropical húmida, representado na figura 1.1.([3]). Após a germinação da semente, no solo da floresta, o rebento cresce ao longo do terreno, em direcção a um qualquer objecto escuro, habitualmente o tronco de uma árvore. Nesta fase, a planta apresenta geotropismo positivo e fototropismo negativo. Se encontra um tronco quebrado, sobe por ele e produz folhas (forma T_L) mas, ao retomar o crescimento pelo solo, fá-lo sem produção de folhas (forma T_S). Quando alcança o tronco de uma árvore, torna-se negativamente geotrópica e positivamente fototrópica, e começa a subir pelo tronco (forma A_A) (Figura 1.1.). À medida que este crescimento avança, uma quantidade cada vez maior de luz atinge a sua extremidade, começando a planta a produzir folhas de uma

([3]) Ray, Thomas S., "Growth correlations within the segment in the *Araceae*", *American Journal of Botany* 73: 993-1001, 1986

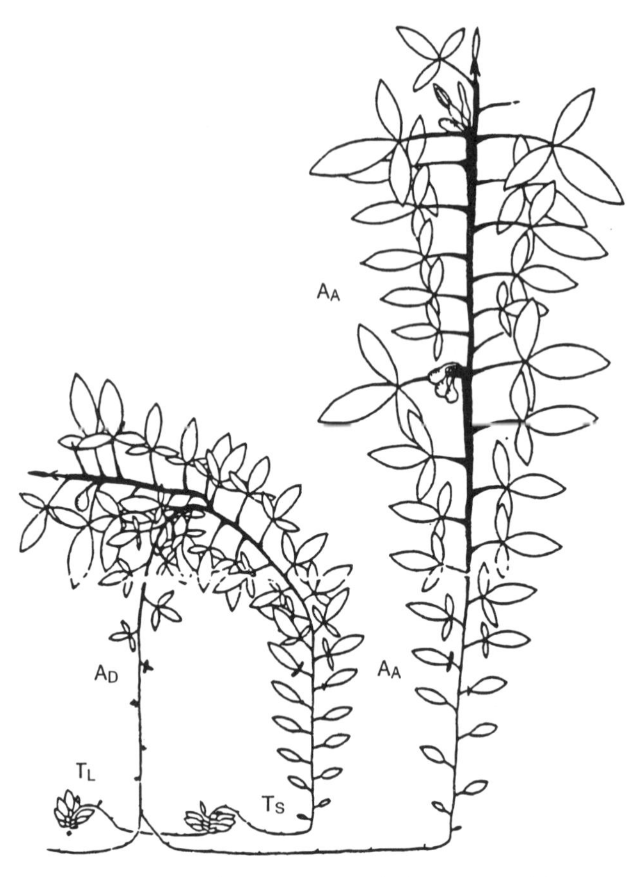

FIGURA 1.1. – Crescimento e respectivas alterações morfológicas da trepadeira da floresta tropical, *Syngonium*. T_L e T_S são os padrões de crescimento rasteiro. Em A_A a planta ascende verticalmente, pelo tronco, e em A_D regressa ao solo

forma particular a intervalos característicos, ao longo do caule. À medida que vai crescendo e recebendo mais luz, a forma das folhas muda, bem como a distância entre elas, e quando a luz atinge uma intensidade suficiente, começa a desenvolver flores. Se uma das ramificações do caule crescer ao longo de um dos ramos da árvore, entrará novamente na fase de geotropismo positivo e de fototropismo negativo, a distância entre as folhas alterar-se-á, e acaba por formar-se uma trepadeira aérea que cresce em direcção ao solo (forma A_D). Quando o alcançar, voltará à forma T_S, assim permanecendo até encontrar uma outra árvore, para poder subir ainda mais na sua forma A_A, tal como é indicado à direita, na figura 1.1. Cada padrão morfológico das folhas, de distância entre elas, de fototropismo e de geotropismo depende das condições de incidência luminosa, sem que exista uma ordem de estádios definida internamente. Até a descrição das fases é algo arbitrária, uma vez que a forma e o espaçamento das folhas se modificam continuamente, à medida que a planta cresce pelo tronco. Diz-se, por vezes, que estas alterações no padrão de crescimento, devidas à influência do ambiente, só são possíveis nas plantas, por as suas extremidades terem tecidos embrionários que permanecem indiferenciados durante toda a vida. No entanto, o mesmo fenómeno pode ser observado na regulação da diferenciação, em insectos. As asas de uma mariposa desenvolvem-se, cada qual, a partir de um botão de tecido, o disco imaginal da asa, durante o desenvolvimento do animal adulto, que ocorre no interior da pupa. Os discos imaginais da asa são, por norma, considerados como independentes dos discos que diferenciam as patas, a região cefálica, a abdominal ou os apêndices genitais. Não obstante, se um disco de asa for danificado, o desenvolvimento de todas as estruturas do organismo pára até a asa ser reparada, e só então é retomado.

Em segundo lugar, os organismos não são determinados pelos seus genes, mas, cada qual é um produto único de um processo ontogénico que depende da sequência de ambientes em que ocorre. Isto pode ser exemplificado pelas famosas experiências de Clausen, Keck e Heisey([4]), com plantas postas a crescer em ambientes distintos. Estas experiências partiram do facto de, em algumas espécies vegetais ser fácil produzir, por clonagem, indivíduos geneticamente iguais, simplesmente cortando uma planta aos bocados. Cada um dos bocados, crescendo e desenvolvendo-se, reconstitui uma nova planta. Na experiência, alguns exemplares da espécie *Achillea millefolium* foram cortados, cada qual, em três pedaços. Cada pedaço foi plantado a uma de três altitudes: um, 30 metros acima do nível do mar, outro a 1400 metros (no sopé da Serra Nevada), e um terceiro a 3050

([4]) Clausen, J., Keck, D. D. e Heisey, W. W., *Experimental Studies on the Nature of Species*, Vol. 3: *Environmental responses of climatic races of* Achillea, Carnegie Institution of Washington, Publication 581, 1-129, 1958

metros (em plena montanha). Deste modo, as três plantas resultantes de três pedaços da planta original, eram clones desenvolvidos em três ambientes diferentes. A figura 1.2. ilustra os resultados desta experiência levada a cabo com uma amostra inicial de sete plantas. As sete estirpes genéticas amostrais estão dispostas horizontalmente, em função do sucesso de crescimento à menor altitude. Verticalmente, estão dispostas as plantas que cresceram dos três pedaços clonados de uma só planta em três

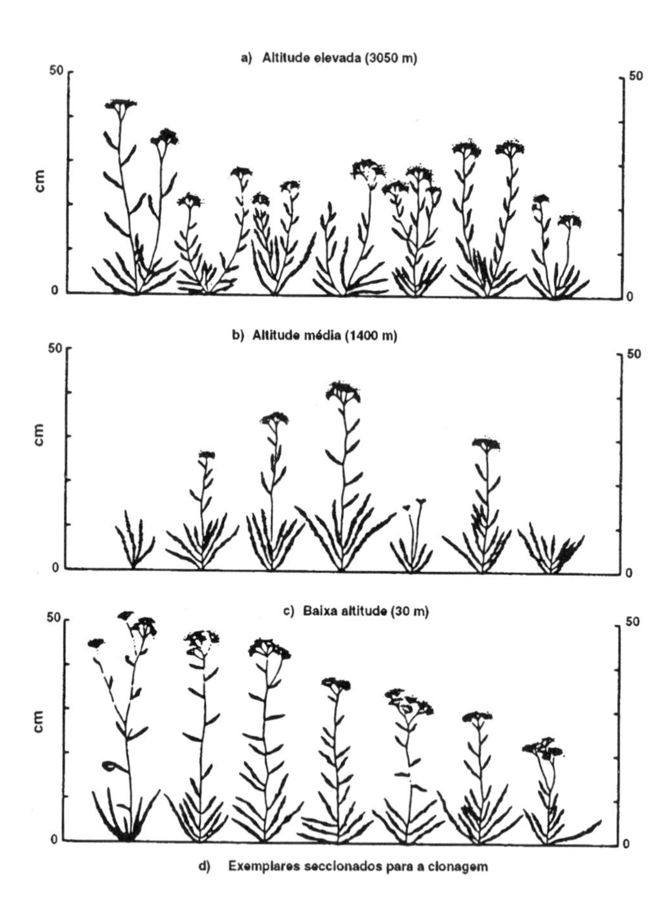

FIGURA 1.2. – Crescimento dos clones obtidos a partir de sete exemplares geneticamente diferentes, de *Achillea*, a três altitudes. Os sete exemplares estão dispostos horizontalmente, os três respectivos clones, verticalmente.

ambientes distintos. Percebemos imediatamente que não é possível prever o crescimento em altitude média ou elevada a partir do sucesso obtido em menor altitude. A planta que mais cresceu em baixa altitude, foi também a que maior crescimento obteve em altitude elevada, mas, acabou por ser a mais débil em altitude média, sem conseguir florir. A planta com o segundo maior crescimento em altitude elevada teve o segundo menor crescimento em baixa altitude, e um crescimento médio a altitude média. De uma maneira geral, partindo do comportamento em determinada altitude não é possível prevê-lo em nenhuma das outras, nem correlacionar os padrões de crescimento com os respectivos contextos. Como também não é possível fazer a pergunta «Qual o genótipo que permite o melhor crescimento?», sem especificar qual o ambiente em que ocorre o desenvolvimento. Nem mesmo a comparação das médias de crescimento fornece informações relevantes. O genótipo 5 (média: 25cm) e o genótipo 7 (média: 8cm), foram, em média, os que menos cresceram em todos os ambientes, mas as médias dos outros cinco genótipos revelaram-se indistinguíveis (32-33cm), ainda que todos eles apresentassem crescimentos díspares em cada uma das três altitudes. É importante salientar que esta conclusão (Figura 1.2.) não foi escolhida para exemplificar uma situação extrema, pois na experiência foram realizadas muitas comparações e todas revelaram resultados semelhantes.

A experiência ilustrada na figura 1.2. pode ser representada por um gráfico que sintetiza os resultados. Na figura 1.3., a altura de cada planta, correspondente a cada genótipo, está assinalada em relação à altitude em que cresceu. Estes traçados, que expressam o fenótipo (as propriedades físicas) dos organismos (que têm um genótipo próprio) em função do ambiente em que se desenvolvem, são denominados por normas de reacção. Uma norma de reacção é um traçado de fenótipos que, ocorrendo num dado ambiente, correspondem a um único património genético. Assim, um genótipo não especifica um único tipo de desenvolvimento, mas sim, uma norma de reacção, um padrão de diversas possibilidades de desenvolvimento em ambientes diferentes. As normas de reacção apresentadas na figura 1.3. são o resultado típico das experiências deste género. Ocasionalmente, apare-

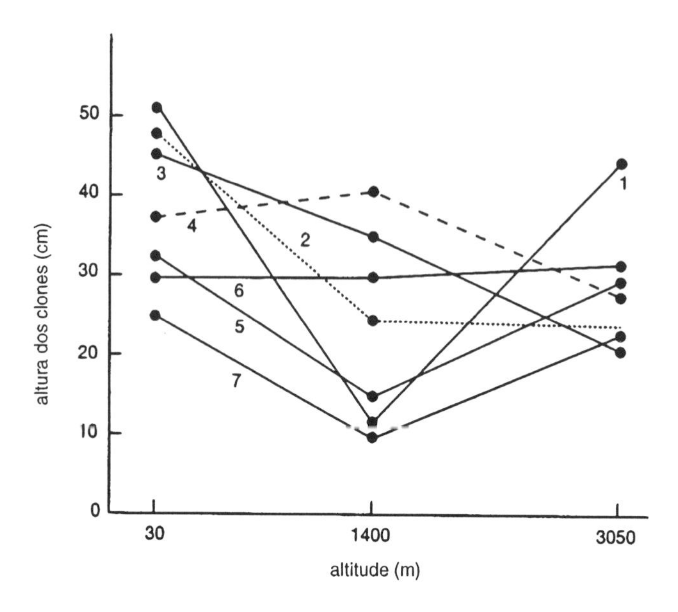

FIGURA 1.3. – Representação gráfica da altura de cada planta, nas três altitudes.

cem genótipos como o 7, cuja norma de reacção é inferior às outras em todos os ambientes. No entanto, a maior parte dos genótipos têm normas de reacção que seguem percursos complexos, e que se interceptam de formas imprevisíveis. A norma de reacção do genótipo 3 diminui monotonamente com o aumento de altitude. O genótipo 4 atinge o máximo crescimento em altitude média, enquanto nesta altitude o genótipo 1 revela o menor sucesso.

Resultados como os que estão representados na figura 1.3. não se obtêm apenas com as espécies do género *Achillea*, ou com as plantas em geral. A figura 1.4. refere-se a uma experiência semelhante à anterior, levada a cabo com a mosca da fruta, a *Drosophila melanogaster.* Não é possível clonar a *Drosophila*, de forma a obter um grande número de indivíduos com o mesmo genótipo, mas, marcando geneticamente os seus cromossomas e realizando, com estirpes distinguíveis, cruzamentos especialmente concebidos para o efeito, é possível produzir grandes números de exemplares cujos genótipos têm, entre si, uma grande parte em comum. Desta forma, diferentes estirpes genéticas isoladas a partir de populações selvagens de *Drosophila*, podem ser experimentalmente expostas a diversos ambientes. A figura 1.4. apresenta as percentagens de sobrevivência de vários genótipos de uma destas populações, ao longo do desenvolvimento (do zigoto ao animal adulto), a diferentes temperaturas. Vemos novamente, as típicas normas de reacção; algumas diminuem monotonamente à medida que aumenta a temperatura, enquanto outras atingem o máximo, e outras, o mínimo, a uma temperatura intermédia. Não há nenhum genótipo que, incondicionalmente, sobreviva mais do que os outros, e entre eles, não se verifica qualquer regularidade particular em função da variação da temperatura, ainda que, genericamente, com o

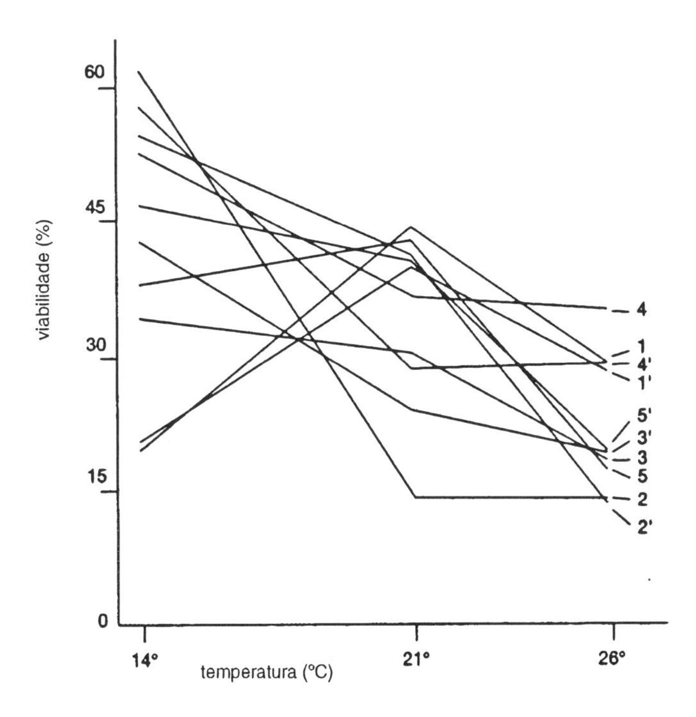

FIGURA 1.4. – Viabilidade dos dez genótipos diferentes, de *Drosophila*, a três valores de temperatura.

aumento desta se note uma diminuição da sobrevivência. Assim, desconhecendo as temperaturas a que uma espécie estará sujeita ao longo do seu processo evolutivo, é impossível prever o genótipo mais favorecido pela selecção natural, e portanto, aquele que mais sobreviverá.

A importância de se ter em conta a norma de reacção de um genótipo é extremamente reconhecida no cruzamento de estirpes vegetais. As actuais variedades comerciais das plantas de cultivo, como por exemplo os novos híbridos de milho, são desenvolvidas em função do rendimento de vários anos e das áreas de cultivo das diferentes zonas da região onde a planta será cultivada. A variedade a distribuir aos agricultores é escolhida, em parte, pela produtividade média de vários anos e em diversos locais, e além disso, tendo também em atenção a uniformidade da produção no tempo e no espaço. Uma variedade híbrida que tenha uma média de produção elevada em virtude de ter revelado resultados francamente superiores num determinado local ou ano, mas que noutras condições ofereça uma produtividade inferior à de outras variedades, não será comercializada. As empresas que produzem e comercializam sementes preocupam-se mais com a fiabilidade do produto em ambientes diversos do que com a produtividade média, por ser o que mais interessa aos agricultores. Uma das consequências desta política de produção de sementes foi uma evolução nas normas de reacção do milho híbrido comercial, que se tornou cada vez mais achatado para depender cada vez menos das mudanças ambientais. Na figura 1.5. comparam-se as normas de reacção de um milho híbrido dos anos quarenta com as de um híbrido comercial dos anos sessenta, obtidas durante uma experiência realizada para avaliar os dois genótipos, no mesmo local e período de tempo(5). Na realidade, o desempenho dos híbridos mais velhos no ambiente mais favorável era melhor, comparativamente aos híbridos mais novos, mas aqueles também eram mais sensíveis às variações ambientais, e por essa razão foram substituídos pelos genótipos menos vulneráveis.

---

(5) Russell, W. A., *Comparative performance for maize hybrids representing different eras of maize breeding*, Proceedings of the 29th Annual Corn and Sorghum research Conference. Ames, Iowa, 1974.

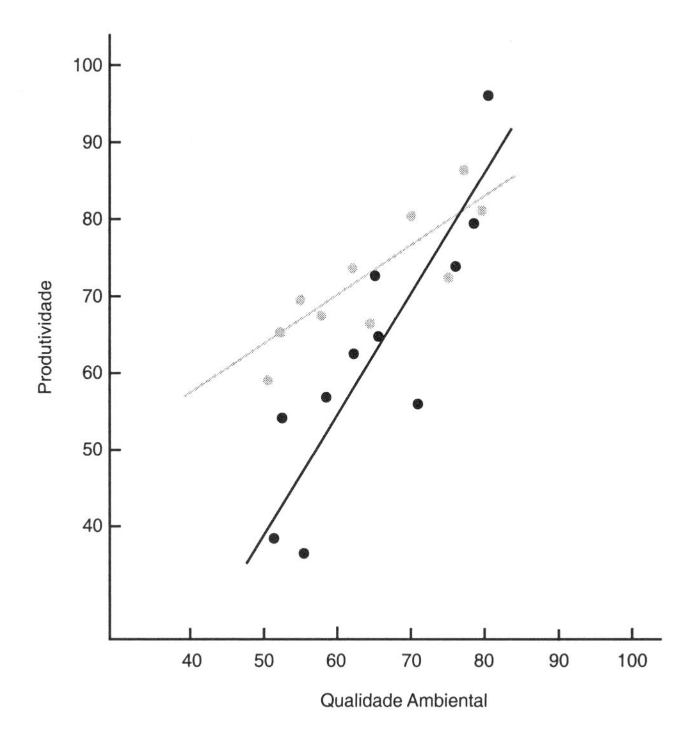

FIGURA 1.5. – Produtividade de um híbrido de milho, usado nos E. U. A. nos anos quarenta (a preto) e de um híbrido comercial dos anos sessenta (a cinzento), testados em anos e locais diferentes, em função da qualidade ambiental.

As formas que, efectivamente, as normas de reacção assumem, demonstram o erro de dois modos de relacionar genótipos e organismos, que admitem a influência do ambiente, mas incorrectamente. Um deles defende que os genes determinam a capacidade de um organismo, estabelecendo um limite que pode ser, ou não, atingido, dependendo de quão adequado ao genótipo é o ambiente. É a metáfora do balde vazio; os genes determinam as dimensões do balde, e o ambiente a quantidade de líquido que nele será despejado. Se o ambiente for pobre, nenhum dos baldes ficará muito cheio, e todos os genótipos darão pouco rendimento, mas se o ambiente for propício, os baldes maiores conterão muito, enquanto os mais pequenos, devido às suas menores capacidades, transbordarão. Esta metáfora da capacidade foi largamente usada na literatura científica do quociente de inteligência humana. A tese consiste em atribuir ao quociente de inteligência uma margem de variabilidade em função do ambiente, assumindo que em ambientes pobres todos os genótipos têm maus desempenhos, ao contrário do que acontece em ambientes ricos, nos quais os genótipos com uma maior capacidade intrínseca revelam a sua superioridade. De acordo com esta hipótese, qualquer enriquecimento imposto ao ambiente não fará mais do que enfatizar as diferenças intrínsecas já imanentes no genótipo. A figura 1.6., copiada do famoso artigo de A.R. Jensen, «Em que medida podemos aumentar o coeficiente de inteligência e o rendimento escolar?»(6), ilustra este argumento. No entanto, as normas de reacção que aparecem na figura foram completamente inventadas por Jensen, e não existem provas de que correspondam à realidade. Numa abordagem ligeira, podemos afirmar que qualquer genótipo tem um limite máximo possível para a sua taxa metabólica, taxa de crescimento ou para as suas capacidades cognitivas num dado ambiente, mas, como já vimos ao examinar dados experimentais das normas de reacção, o ambiente em que cada limite máximo pode ser atingido é diferente para cada genótipo. De certa forma, o ordenamento de genótipos, do mais «limitado» àquele com maior «potencial», será sempre variável. É claro que existem ambientes letais, ou severamente debilitantes, para qualquer genótipo, mas tal é irrelevante à abordagem do problema.

De acordo com outra interpretação errónea da relação entre os genes e o organismo, que se afasta um pouco mais do determinismo, um genótipo tem tendência a, digamos, originar um fenótipo maior ou mais pequeno que outro. Em linguagem quotidiana dizemos que o Pedro «tende a ser gordo», enquanto o Miguel «tende a ser magro», mas não se esclarece como é que este conceito deve ser aplicado aos genótipos e ao ambiente. Consoante o meio, o Pedro será magro, ou gordo. Isto pode significar que graças a uma determinada dieta o Pedro será mais gordo do que o Miguel mas, se é este o sentido, então, tal como vimos, não corresponde às nor-

(6) Jensen, A. R. "How much can we boost IQ and scholastic achievement?", *Harvard Educational Review*, 39: 15, 1969

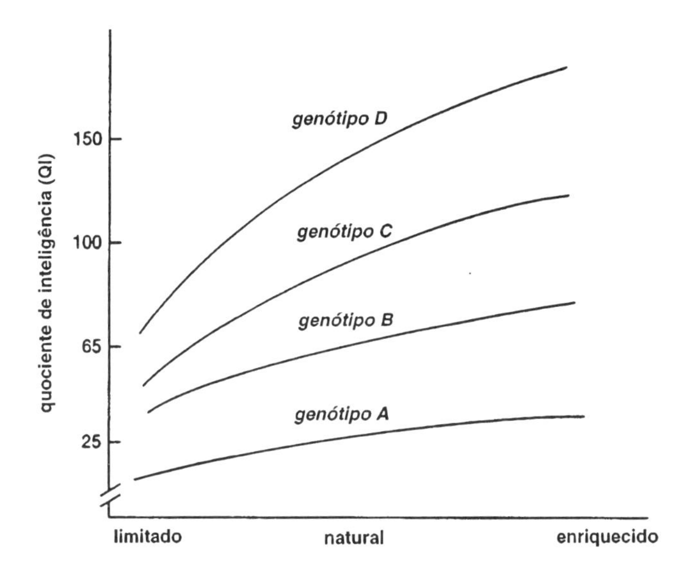

FIGURA 1.6. – Normas de reacção do Quociente de Inteligência, hipotéticas, que foram forjadas para ilustrar que embora uma característica possa ser influenciada pelo ambiente, a determinação genética é sempre superior.

mas de reacção. O conceito de «tendência» comporta frequentemente uma ideia implícita de condições de «normalidade», que serão válidas enquanto nenhuma força externa as disturbar. Por isso é que Newton afirmava que os corpos tendem a permanecer imóveis, ou em movimento uniforme «a menos que sejam forçados a alterar o seu estado, em virtude de forças que lhes sejam aplicadas». Então, deve ser possível descrever um ambiente, ou um conjunto de meios, nos quais um fenótipo terá uma forma específica, passível de ser modificada apenas em condições particulares. Mas, em geral, não sabemos como definir o ambiente «normal» ideal, em que os genótipos devem ser comparados, nem tal existe, como também não existe o estado ideal de Newton, no qual não se encontram quaisquer forças.

Entre os geneticistas, a ideia de que o genótipo especifica o fenótipo é reforçada pela longa tradição experimental que têm com uma classe muito particular de genótipos. São as clássicas «mutações» de organismos experimentais, como é o caso da *Drosophila*, cujas normas de reacção não são as típicas da maioria dos genótipos. Para servir como instrumento experimental, uma mutação deve corresponder a uma variação fenotípica em relação ao «tipo selvagem» em todos os indivíduos que dela sejam portadores, e numa ampla gama de condições ambientais. Assim, na *Drosophila*, pode ter-se como certo que as mutações «asas vestigiais» e «olhos brancos» dão, respectivamente, origem a asas muito pouco desenvolvidas e a olhos incolores em todos os indivíduos portadores, independentemente da acidez, da humidade ou da temperatura do meio de cultura em que ocorre o desenvolvimento, ou mesmo da informação contida nos outros genes do indivíduo. Os geneticistas defendem que estas mutações são de diferenças genéticas típicas, mas não evidenciam o facto de que a maior parte das mutações em *Drosophila*, mesmo aquelas que eles usam nas suas experiências, não têm, durante o desenvolvimento, um comportamento perfeitamente válido. A mutação «asas enroladas», por exemplo, largamente usada em experiências genéticas, determina o desenvolvimento de asas visivelmente diferentes das normais, apenas se a temperatura e a humidade do meio de cultura forem cuidadosamente controladas. A maioria das mutações conhecidas em *Drosophila* têm um comportamento semelhante à das «asas enroladas», e não à dos «olhos brancos». Mesmo as mutações facilmente distinguíveis numa ampla gama de condições ambientais não são, na sua expressão, perfeitamente independentes do ambiente. As mutações «Infrabar» e «Ultrabar» diminuem consideravelmente as dimensões dos olhos na *Drosophila*, a ponto de estes jamais poderem ser confundidos com olhos normais, ou seja, os do tipo selvagem. Mas em ambos os genótipos, mutante e selvagem, as dimensões dos olhos dependem da temperatura a que ocorre o desenvolvimento, tal como está exemplificado na figura 1.7. Enquanto o tipo selvagem se distingue de ambas as mutações, a qualquer temperatura, as duas mutações apresentam normas de reacção com comportamentos opostos, igualando-se a 15° C.

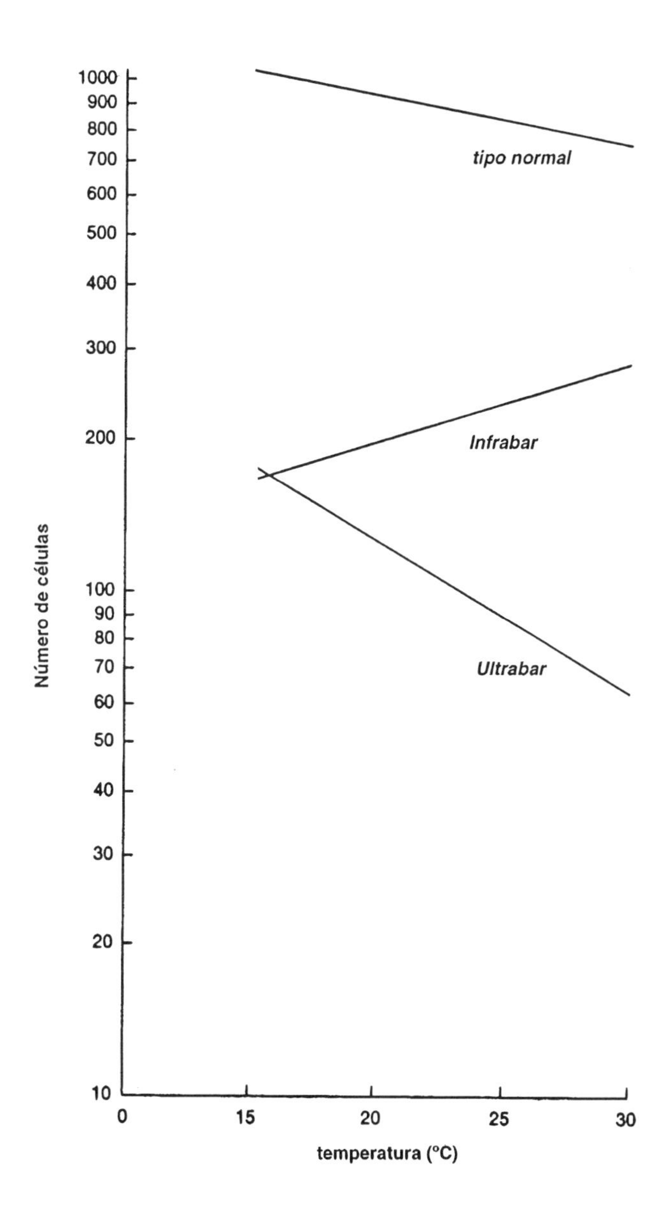

FIGURA 1.7. – Tamanho dos olhos (expresso em número de células), em função da temperatura, para o tipo selvagem e as duas formas mutantes, «Infrabar» e «Ultrabar», de *Drosophila*.

Em genética, a teoria determinista do desenvolvimento propõe duas abordagens alternativas para explicar a relação entre genes e ambiente, no contexto da origem dos fenótipos. Uma delas entende os aspectos basilares do organismo (morfologia, fisiologia, biologia celular e comportamento inato) como «produtos» dos genes. A figura 1.8.a representa esta abordagem. Parte-se de um programa genético que responde aos diversos estímulos ambientais, convertendo-os em organismos cujas diferenças fenotípicas são inteiramente determinadas pelas disparidades genéticas. Concretizando, os pigmeus africanos são extremamente baixos e os Vatútsi extremamente altos, qualquer que seja o regime alimentar. A outra abordagem, representada na figura 1.8.b, diz respeito àqueles aspectos considerados superficiais. Nela reaparecem os mecanismos genéticos fundamentais, comuns a todos os indivíduos, e que convertem estímulos ambientais em respostas fenotípicas diferentes. De acordo com este ponto de vista, os Vatútsi e os pigmeus falam línguas distintas, que aprenderam com os seus pais, usando a mesma anatomia e mesma neurofisiologia. O esquema das normas de reacção que leva em conta as interacções entre genes e ambiente, ao longo do desenvolvimento, tem uma tipologia muito diversificada, como se pode ver na figura 1.8.c. Entre genes e ambiente dão-se interacções únicas, a ponto de não ser possível estabelecer uma correspondência entre um conjunto de fenótipos e os respectivos genótipos, e ambientes, em separado. Todavia, nem a imagem da figura 1.8.c abarca em pleno o significado da ontogénese.

Os insectos têm um grande número de pêlos sensoriais organizados em tufos, por diversas partes do corpo. Cada um destes pêlos tem origem em três células: a que o diferencia, a que diferencia o alvéolo (de onde este cresce) e por último, a que origina a célula nervosa que transmite a informação sensorial ao sistema nervoso. Em *Drosophila*, um destes tufos surge, durante o desenvolvimento, sob cada uma das asas. O número de pêlos sensoriais é aproximadamente igual em ambos os lados, pelo que neste aspecto a *Drosophila* pode considerar-se simétrica. Mas, em qualquer mosca, o número de pêlos quase nunca é o mesmo em ambos os lados. Podem ser, por exemplo, nove no lado direito e cinco no esquerdo, ou seis no direito e oito no esquerdo. Esta

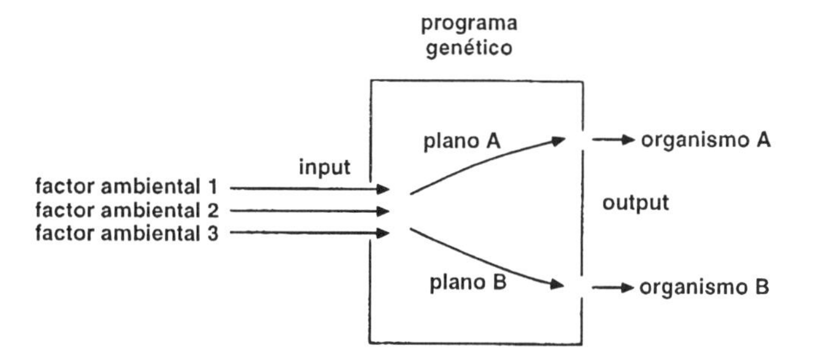

FIGURA 1.8. a) Esquematização da superioridade genética na determinação do organismo.

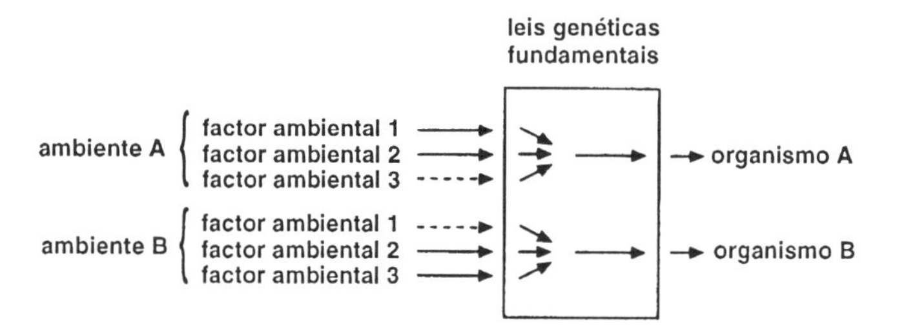

FIGURA 1.8. b) Esquematização da superioridade ambiental na determinação do organismo.

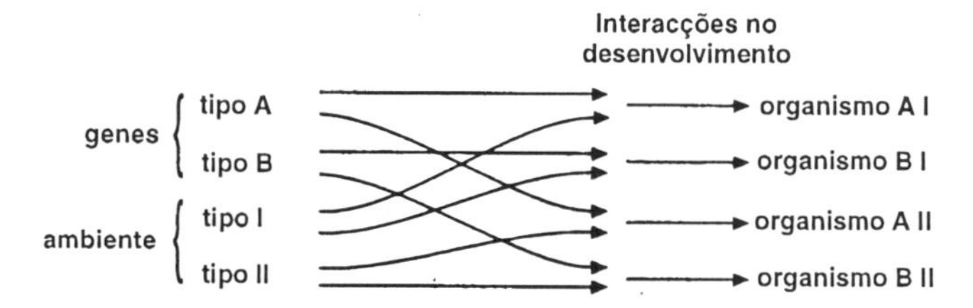

FIGURA 1.8. c) Esquematização da interacção dos genes e do ambiente na determinação do organismo.

variação é numericamente tão significativa quanto a do número médio de pêlos sensoriais entre indivíduos diferentes, embora no que respeita à funcionalidade não seja irrelevante, pois os pêlos sensoriais servem para detectar movimentos. E de onde surge esta assimetria flutuante? As células, em ambos os lados, têm os mesmos genes, e é ridículo supor que o ambiente onde decorreu o desenvolvimento, a temperatura, a humidade, a concentração de oxigénio e muitos outro factores tivessem variado entre o lado direito e o esquerdo, num insecto que mede dois milímetros de comprimento e um de largura, ou que a diferenciação dos pêlos sensoriais tivesse ocorrido na altura em que a face ventral da mosca ficou encostada à parede do frasco de laboratório. Esta variabilidade não é, portanto, consequência de nenhuma variação genética ou ambiental; trata-se de um ruído no desenvolvimento, pelo qual são responsáveis eventos casuais que acontecem nas próprias células, ao nível das interacções moleculares. Ao contrário do conteúdo dos tubos de ensaio, as células têm em quantidades ínfimas uma enorme variedade molecular, toda ela implicada no metabolismo celular. Em cada célula existem, por exemplo, exactamente duas cópias de ADN, e há outras moléculas que não são muito mais numerosas. Além disso, as moléculas encontram-se dentro das células em zonas e concentrações muito diversas, e a realização do metabolismo celular depende dos seus movimentos, que lhes permitem a aproximação necessária para que possam reagir entre si. O RNA mensageiro, que é uma cópia fiel de um gene que a célula está a usar, tem que sair do núcleo e passar para o citoplasma para que possa participar na síntese proteica. Uma vez no citoplasma, o RNA mensageiro tem que ser inserido num ribossoma, a máquina que fabrica as proteínas, segundo a informação transportada por aquelas moléculas. Este processo, e todos os semelhantes que têm lugar na célula, requerem tempo, ocupam espaço, e no seu conjunto são muito diferentes de tudo o que acontece quando milhares de pequenas moléculas interagem entre si enquanto são agitadas numa solução. A consequência do facto de haver um pequeno número de moléculas elaboradas pela maquinaria celular, que por sua vez tem limitações espaciais, é que se verificam diferenças consideráveis entre duas células, no que respeita ao número e à quantidade de moléculas sintetizadas. Tudo isto se torna evidente através das diferenças no tempo necessário para que as células se possam dividir ou migrar, durante o desenvolvimento. Estas variações podem ser observadas nas bactérias que, estruturalmente, são muito mais simples do que as células dos organismos superiores. Se uma grande quantidade de meio de cultura for inoculada apenas com uma célula, esta levará, digamos, 63 minutos a dividir-se. Mas, as duas células filhas não se dividem, em simultâneo, 63 minutos mais tarde, nem as quatro células filhas resultantes da segunda divisão o farão ao mesmo tempo. As culturas bacterianas não crescem em intervalos bem definidos, mas sim de um modo contínuo, porque cada célula requer um período de tempo ligeiramente diferente para se dividir. Todas as células crescem exactamente nas mesmas condições ambientais, e são geneticamente idênticas, uma vez que num período de poucas gerações não há tempo suficiente para aparecerem muitas mutações. A causa da falta de sincronia é a distribuição casualmente desigual dos diversos tipos de moléculas pelas células filhas, no momento da divisão. As células acabam assim por ter exigências de tempo diferentes, para produzir a nova população de moléculas necessária à divisão. O mesmo fenómeno acontece nos organismos superiores. As três células que, numa mosca, dão origem a um pêlo sensorial, resultam de duas divisões de uma outra célula. Para diferenciarem um apêndice, as respectivas células têm que migrar até ás zonas superficiais do embrião, zonas essas que vão endurecendo, se as divisões da célula que origina as três que diferenciam o pêlo sensorial levarem um pouco mais de tempo, a migração daquelas atrasa-se, e consequentemente não chegará a tempo de diferenciar o pêlo numa superfície em processo de endurecimento. Acontecimentos aleatórios, como este, devem estar na origem de muitas das variações que se observam entre os organismos, incluindo as do sistema nervoso central. Uma das principais teorias contemporâneas do desenvolvimento do cérebro, a teoria da selecção dos grupos neuronais, defende que, ao longo do desenvolvimento, os neurónios formam sinapses ao acaso, uma vez que o seu crescimento não é rigidamente direccionado. As sinapses que são reforçadas pelos estímulos externos, durante o desenvolvimento neuronal,

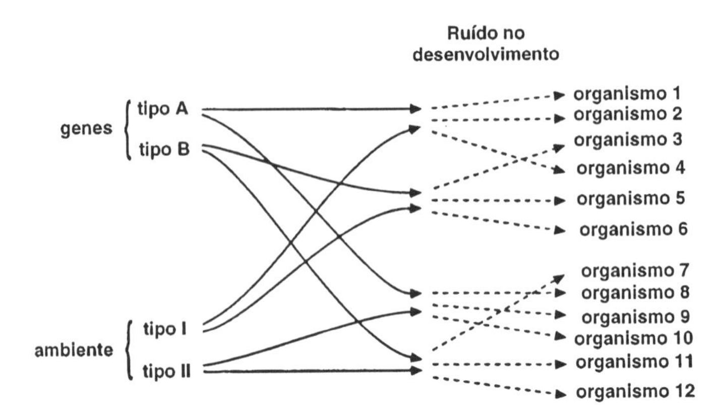

FIGURA 1.8. d) Esquematização do desenvolvimento de um organismo, que mostra a interacçao dos genes e do ambiente e aponta o ruído aleatório.

estabilizam, enquanto as outras degeneram e desaparecem([7]). Mas as conexões devem formar-se casualmente antes de poderem ser seleccionadas pela experiência. Um tal processo de desenvolvimento neuronal pode dar origem a diferenças em funções cognitivas que derivam de variações biológicas e anatómicas inatas, mas não de diferenças genéticas ou ambientais. Estou certo que se tivesse estudado violino desde os cinco anos de idade, não saberia tocar um capricho de Paganini como Salvatore Accardo. Desde muito pequeno que Accardo tem, sem dúvida, sinapses que eu não tenho, mas não é de todo evidente que estas diferenças anatómicas tenham uma origem genética.

A adição de ruídos ao processo de desenvolvimento dá origem ao esquema representado na figura 1.8.d. O organismo não é determinado nem pelos seus genes nem pelo ambiente, nem sequer pelas respectivas interacções, mas traz consigo uma marca incontornável de processos aleatórios. O organismo não se elabora a si próprio a partir da informação contida nos seus genes, nem sequer da combinação da informação genética com a ambiental. A metáfora da elaboração é apenas uma versão em voga da metáfora cartesiana da máquina. Como qualquer outra metáfora, comporta alguns aspectos da realidade, mas afasta-nos dela se for levada demasiado a sério.

([7]) Edelman, Gerald, *Neural Darwinism: The theory of neuronal group selection*, Basic Books, Nova Iorque, 1987

II

Organismo e ambiente: a metáfora adaptativa

II

A convicção de que os organismos estão perfeitamente adaptados ao mundo em que vivem é muito anterior à biologia científica. De facto, no passado considerava-se que a extraordinária adaptação das propriedades dos seres vivos ao seu meio era uma prova do poder e da benevolência do Criador Divino. Como poderíamos de outra forma explicar o facto de os animais que vivem na água terem barbatanas para nadar e brânquias para respirar, enquanto que os animais voadores têm asas e pulmões? Conjuntamente com a questão da origem da diversidade entre as espécies, esta observação da adaptação dos organismos às suas condições ambientais acabou por ser a problemática de Darwin na formulação de uma teoria da evolução que fosse satisfatória. A solução que encontrou foi a de entender o processo de adaptação às variáveis ambientais como sendo o mesmo que conduz à diversidade. Aqueles cuja anatomia, fisiologia e comportamento melhor se adaptem às condições ambientais sobreviverão por mais tempo e reproduzir-se-ão mais do que os outros. Se estas características forem hereditárias, então, na geração seguinte existirá um maior número de indivíduos com as características que permitem a melhor adaptação e, eventualmente, a espécie será constituída somente pelos tipos mais adaptados. Mas se a evolução por selecção natural produz indivíduos que se adaptam sempre melhor a um determinado ambiente, então os grupos de organismos separados no tempo e no espaço evoluirão de modo a adaptar-se às diversas condições ambientais que vão encontrando. Assim, a diversidade orgânica é uma consequência da existência de diferentes ambientes aos quais espécies distintas se adaptaram por selecção natural. Este processo é chamado *especiação.*

Para poder formular uma tal teoria da evolução, Darwin teve que dar um passo teórico revolucionário, relacionando os organismos com o ambiente e o que existe no interior de um ser vivo com o seu ambiente externo. Até esta altura, não havia sido estabelecida uma demarcação precisa entre os processos internos e externos. Na visão pré-moderna da natureza não se fazia uma nítida separação entre vivos e mortos, animados e inanimados. Os mortos poderiam regressar à vida, e estátuas feitas de pedra poderiam transformar-se em mulheres verdadeiras. A teoria da evolução de Lamarck assentava na hereditariedade das características adquiridas, ou seja, era possível que algumas condições exteriores pudessem ser incorporadas no organismo, de modo permanente e hereditário, e por vontade do próprio. Darwin originou uma ruptura incontornável com esta tradição cultural, demarcando o interior do exterior, introduzindo uma completa separação entre os processos internos, que geram os organismos, e os processos externos, o ambiente, nos quais os organismos operam. Na teoria de Darwin a variação entre os organismos resulta de um mecanismo interno, que hoje é conhecido como mutação e recombinação genética, e que não reage às exigências do ambiente. As variações criadas por aquele processo são testadas num meio que já existe, independentemente das variantes que vão aparecendo. O processo que gera a variabilidade é causalmente independente das condições de selecção. Por sua vez, o meio ambiente tem um historial de alterações geológicas marcadas pela queda de meteoros, pela alternância das eras glaciares, pela subida e descida do nível do mar e pelas mais recentes alterações globais do clima. Há outros tipos de organismos que também fazem parte do ambiente de uma espécie, mas têm uma presença indiferente, pois as histórias de uns e de outros não se cruzam. Então, organismo e ambiente somente interagem através do processo de selecção. Têm sido empregues muitas metáforas para descrever esta relação de independência entre ambiente e ser vivo: o organismo propõe, o ambiente dispõe; o organismo faz «conjecturas», o ambiente «refuta-as». Na concepção actualmente mais divulgada na literatura sobre evolução, o ambiente «coloca problemas» e o organismo, de modo aleatório, «apresenta soluções». Nesta estrutura conceptual, a metáfora adaptativa é, de facto, muito apropriada. A adaptação é, literalmente, o processo que permite a algo adequar-se a uma exigência preexistente. Adapta-se uma chave a uma fechadura, limando-a, para que encaixe. Quando vou a Itália, levo um adaptador que permite à minha escova de dentes eléctrica, fabricada para trabalhar a 110 volts, trabalhar a 230. Os organismos «adaptam-se» ao ambiente porque o mundo exterior adquiriu as suas propriedades independentemente daqueles, que portanto têm que se adaptar, ou acabam por morrer.

A biologia moderna não só adoptou a teoria darwiniana da evolução adaptativa por selecção natural, como também comporta os princípios do modelo de relação entre organismo e ambiente, proposto por Darwin. A palavra «adaptação» e a expressão «valor adaptativo» são hoje termos técnicos que pretendem significar numericamente a probabilidade de sobrevivência e a taxa de reprodução de um genótipo ou fenótipo. Assim, um geneticista populacional dirá que um genótipo tem um «valor adaptativo» de 0,78, comparativamente ao valor 1,0 de outro, se bem que não seja fornecida qualquer explicação do modo pelo qual o genótipo superior de facto se adapta a um determinado ambiente; e talvez não existam sequer provas que tornem possível fazer uma afirmação daquelas. Por isso, pode ainda dizer-se que um genótipo cujo efeito é o de interferir com o desenvolvimento embrionário numa fase inicial, impedindo a normal divisão celular, tem um baixo «valor adaptativo». Não obstante, o uso da expressão «valor adaptativo» para quantificar a selecção natural, reforça a ideia, segundo a qual, as propriedades dos organismos são moldadas para responder a requisitos específicos do ambiente. De modo recíproco, em ecologia a expressão «nicho ecológico» é uma designação técnica utilizada universalmente para indicar o conjunto de relações entre uma espécie em particular e o mundo exterior. Mas o uso da metáfora do nicho implica um tipo de espaço ecológico em que existem espaços vazios que são preenchidos por organismos cujas propriedades lhes permitem a melhor adaptação possível àqueles espaços vazios. Analisadas conjuntamente, a metáfora «adaptativa» e a dos «nichos ecológicos» oferecem uma explicação da diversidade que se observa nos organismos. As propriedades das espécies reflectem o mundo exterior que lhes está subjacente, à semelhança do que acontece quando espalhamos limalha de ferro numa folha de papel colocada sobre um íman, que assume a forma do campo magnético. Curiosamente, o estudo dos organismos é, na realidade, o estudo dos contornos dos espaços ambientais, e os próprios organismos mais não são do que o instrumento passivo através do qual observamos a forma do mundo exterior; são a limalha sobre o campo ambiental. A maioria dos biólogos evolucionistas revoltar-se-á com esta descrição da sua ciência, e insistirá que o objecto do seu principal interesse são os organismos, e no entanto, a estrutura da explicação adaptativa das características aponta na direcção oposta.

As explicações adaptativas podem ser formuladas *a priori* ou *a posteriori*. O primeiro método, normalmente utilizado para as espécies existentes, parte da descrição de um problema com base no conhecimento, ou suposição, do que é importante para um qualquer organismo. Assim, uma característica anatómica, fisiológica ou comportamental de uma espécie é proposta como solução do organismo para um problema. Pelo contrário, o método retrospectivo, normalmente usado para dar explicações sobre espécies extintas, conhecidas através de registos fósseis, parte de uma característica que encara como solução, e procura o problema que esta característica pode ter resolvido. Um assunto ao qual foi dedicada muita atenção, é a questão do balanço energético. Um animal que procure obter alimento consome energia durante a procura, e o seu método deve permitir-lhe um balanço energético positivo após a ingestão. Conta-se que durante a Segunda Guerra Mundial, em França, os mergulhadores procuravam complementar a alimentação mergulhando no oceano para apanhar peixe. Mas, aperceberam-se que perdiam progressivamente peso, porque a energia consumida na pesca subaquática, a temperaturas muito baixas, era superior ao valor calórico do que apanhavam. Algumas aves, denominadas por «aves de nicho alimentar alargado», afastam-se do ninho, recolhem alimento e depois regressam com ele ao ninho para consumi-lo. Se apanham a primeira coisa que encontram, esta pode ser tão pequena, que não compensa a deslocação. Se, por outro lado, procuram apenas alimentos muito grandes, estes podem ser tão raros que exigem demasiada energia a ser encontrados. Para optimizar o balanço calórico, a solução é a procura de alimentos um pouco maiores do que aqueles que normalmente estão disponíveis, mas não muito maiores, podendo assim este valor optimizado ser calculado, conhecendo a distribuição dos alimentos de diferentes dimensões na natureza. Observando estas aves percebe-se que, na realidade, elas recolhem alimentos de tamanho um pouco acima da média, mas não tão grandes quanto deveriam ser para que conseguissem um balanço calórico óptimo. O biólogo que estudou este fenómeno chegou à conclusão que as aves tinham encontrado um compromisso entre a necessidade de optimizar o balanço calórico e a de não passar demasiado tempo longe do ninho, deixando indefesas as suas crias. Este é um exemplo de como o investigador raciocina *a priori*, partindo do balanço calórico para descrever o comportamento de procura de alimento como solução, para depois se voltar para o método *a posteriori*, encarando uma estratégia de nutrição que não é óptima, como solução de um problema que seguidamente procura compreender. Em paleontologia, um exemplo deste método retrospectivo é a tentativa de compreender a razão pela qual o Estegossauro teria, no dorso, uma fila dupla de placas ósseas em forma de folha (figura 2.1). Que necessidade deveriam satisfazer aquelas placas? Têm sido sugeridas várias respostas, mas nunca será possível, em absoluto, dizer qual a correcta. De acordo com uma das hipóteses, as placas eram um sinal de reconhecimento sexual da espécie. De acordo com outra, serviam para que aquele dinossauro herbívoro aparentasse um porte suficientemente grande para desencorajar ataques de predadores carnívoros. Outros ainda, defendem que as placas eram uma defesa contra ataques. Talvez o postulado mais sensato seja aquele que defende que as placas seriam peças esqueléticas que asseguravam o arrefecimento, tendo assim uma função de regulação da temperatura corporal. Esta é uma explicação coerente com a forma, a localização e o, aparentemente, grande número de vasos sanguíneos daquelas peças. Nestes exemplos, ambos os métodos de formulação de explicações parecem utilizar alguns organismos apenas como pretexto para levar avante a intenção de demonstrar como as propriedades

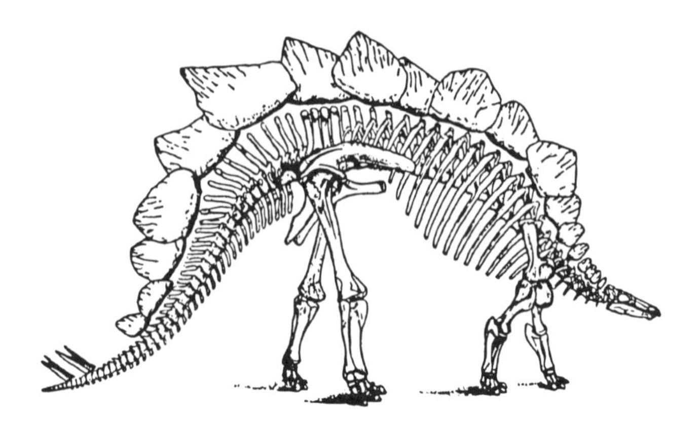

FIGURA 2.1. - Esqueleto de Estegossauro, onde se pode ver, no dorso, uma fila dupla de placas ósseas em forma de folha.

dos seres vivos respondem às exigências do ambiente através da adaptação. Sob este ponto de vista, o ser vivo é o objecto das forças evolutivas, o ponto de encontro, em si mesmo passivo, de forças externas e internas independentes; uma que, com respeito ao organismo, gera aleatoriamente «problemas», e outra que, em relação ao ambiente, gera «soluções» também aleatórias.

A separação entre interno e externo, operada por Darwin, constitui um passo absolutamente essencial para o desenvolvimento da biologia moderna. Sem ela, estaríamos ainda atolados num holismo obscurantista que fundia toda a natureza numa unidade impossível de analisar. Mas as condições que num certo momento da história são absolutamente necessárias para progredir, transformam-se, num outro período, em obstáculos a progressos posteriores. Para podermos dar mais um passo em frente no nosso conhecimento da natureza, é chegado o momento de reconsiderarmos a relação entre meio exterior e interior, entre organismo e ambiente. A tese segundo a qual as variações hereditárias não dependem causalmente da natureza do meio em que os organismos se encontram, é certamente correcta. Não existem provas irrefutáveis para o facto de as características adquiridas poderem ser herdadas, nem para o facto de o processo de mutação genética poder produzir um número suficiente de mutações vantajosas no momento certo, de modo a permitir às espécies a sobrevivência num ambiente inconstante, sem o crivo da selecção natural. Mas a tese segundo a qual o ambiente em que se encontra um organismo é independente do mesmo, e que as alterações do ambiente são autónomas e independentes das que ocorrem nas espécies está claramente errada. É má biologia, como o sabe qualquer biólogo da ecologia ou da evolução. A metáfora adaptativa, ainda que no passado tenha sido um importante instrumento heurístico na concepção da Teoria da Evolução, actualmente impede a verdadeira compreensão da questão do processo evolutivo, sendo por isso necessário substituí-la por outra. Ainda que todas as metáforas sejam perigosas, o processo evolutivo parece descrever-se melhor através do conceito de «construção».

Em primeiro lugar, tal como não pode existir organismo algum sem ambiente, não pode também haver nenhum ambiente sem qualquer organismo. Faz-se uma certa confusão entre a afirmação, correcta, de que existe um mundo físico, que é exterior ao organismo, e que continuaria a existir na ausência de espécies, e a tese, errada, segundo a qual os ambientes existem sem os seres vivos. A precessão dos equinócios terrestres produzirá, periodicamente, eras glaciares e interglaciares, as erupções vulcânicas continuarão a ocorrer, a evaporação oceânica dará sempre origem a chuva e a neve, independentemente da presença de quaisquer entidades vivas. Mas, nem as torrentes glaciares, nem os depósitos de cinzas vulcânicas, nem os charcos de água são meios ambientais. São condições físicas a partir das quais podem surgir ambientes. Um ambiente é algo que circunda, ou que rodeia mas, como tal, deve existir algo para rodear. O ambiente de um organismo é o conjunto de condições exteriores que lhe são relevantes, por serem os aspectos do mundo exterior com os quais aquele, efectivamente, interage. Se do conceito de nicho ecológico preexistente se espera algo de concreto, ou algum valor real, para o estudo da natureza, então deverá ser possível especificar quais as justaposições de fenómenos físicos que constituem ou não um potencial nicho. A ideia de nicho ecológico vazio não é concretizável. Há uma infinidade inumerável de maneiras de agrupar elementos do mundo físico para descrever um nicho ecológico, mas quase todas pareceriam absurdas ou arbitrárias por nunca termos visto um organismo ocupar um tal nicho. Até uma pequena variação na descrição de um nicho ecológico conhecido abre possibilidades nunca antes exploradas. Não existe nenhum animal que voe, viva nas árvores em ninhos feitos de erva, e se alimente das vastas quantidades de folhas existentes nas copas. As aves que vemos empoleiradas nos ramos das árvores não comem as folhas nem a casca dos troncos, tal como não comem os fungos nem a erva ou as raízes. Por outro lado, existem métodos de sobrevivência que pareceriam absurdos se não os tivéssemos observado. Quem poderia imaginar que existem formigas que recolhem e fazem camadas com as folhas, para preparar o terreno no qual semearão os esporos dos fungos de que se alimentam? E, no entanto, estas formigas colectoras existem.

As procura de vida em Marte deu-nos um exemplo prático do problema que os nichos ecológicos definidos arbitrariamente na ausência de organismos colocam. Quando estava a ser projectado o primeiro módulo que aterraria em Marte, surgiu o problema de como detectar possíveis formas de vida no planeta vermelho. Foram sugeridas duas soluções. A primeira consistia numa língua pegajosa que sairia do módulo para tocar na poeira marciana, e que seguidamente seria recolhida e observada ao microscópio. Este transmitiria as imagens para a Terra, de modo a que estas pudessem ser examinadas, a fim de procurar algo semelhante a uma célula viva, ou a um produto de uma forma de vida. A este procedimento podemos chamar a definição morfológica de vida. A segunda solução, que acabou por ser adoptada, consistia num tubo que recolheria uma amostra de poeira de Marte, para uma câmara de testes com meio de cultura para organismos microbianos. O carbono e os açúcares do meio de cultura estariam marcados radioactivamente, para que o dióxido de carbono resultante do metabolismo celular pudesse ser detectado por um contador de radioactividade. Esta segunda técnica intitula-se a definição fisiológica de vida.

Seria quase impossível exagerar na descrição da imensa alegria sentida pelos cientistas que acompanhavam a experiência quando, a seguir à aterragem, a máquina começou de facto a enviar sinais que indicavam um rápido aumento de dióxido de carbono radioactivo na câmara de testes. De repente, a produção de dióxido de carbono parou, ainda que toda a maquinaria estivesse a funcionar perfeitamente. Este comportamento é-nos desconhecido nas culturas bacterianas em crescimento. Quando o meio de uma cultura celular começa a escassear, a produção de dióxido de carbono abranda, estabiliza temporariamente num patamar, e por fim começa a diminuir continuamente, enquanto as células vão morrendo à fome. Uma queda repentina na produção de dióxido de carbono é inexplicável. Foi convocada uma reunião para discutir os resultados, e chegou-se à conclusão que não existia vida em Marte, e que a produção inicial de dióxido de carbono era uma consequência da desagregação do meio de cultura sobre a superfície das minúsculas partículas de poeira. Posteriormente, esta desagregação de compostos orgânicos sobre a superfície de partículas microscópicas de argila foi reproduzida em laboratório. O problema daquele método foi ter levado até Marte um nicho ecológico, procurando ver se a vida do planeta o preenchia. Partira-se do pressuposto que os nichos ecológicos existem na ausência de seres vivos, pelo que os organismos de Marte saberiam ocupar aquele nicho vazio. O que poderia ser mais razoável do que supor existir em Marte um nicho ecológico tão básico como uma fonte de carbono, para o metabolismo energético, e um pouco de oxigénio? Mas os cientistas tinham pressuposto a existência daquele nicho ecológico, com base no seu conhecimento do que é a vida terrestre. Se os nichos não preexistem os organismos, mas ocorrem como consequência natural dos próprios organismos, então não podemos fazer a mais ténue ideia de como serão os nichos ecológicos marcianos enquanto não virmos em acção alguns seres daquele planeta. Por enquanto, não sabemos se as formas de vida em Marte obtêm energia através de um mecanismo completamente diferente do terrestre, ou até se são alérgicos ao açúcar!

Para conseguirmos um conceito de ambiente que seja correcto e útil à nossa compreensão do passado evolutivo, ao nosso poder de previsão das condições terrestres do futuro, e que nos ajude desenvolver com eficiência a investigação da vida extraterrestre, é necessário esclarecer vários aspectos da relação entre organismo e ambiente.

Em primeiro lugar, os organismos determinam quais os elementos do mundo exterior que constituem o seu ambiente, e que relações entre os diversos elementos são relevantes para si próprios. No meu jardim há arvores, em volta das quais cresce relva, e algumas pedras aqui e acolá. A erva faz parte do ambiente de um papa-moscas, uma ave que faz o seu ninho com erva seca sem fazer uso das pedras, pelo que, se aquelas desaparecessem, não lhe faria qualquer diferença. Por outro lado, as pedras fazem parte do ambiente de um tordo, uma ave que as usa como bigorna para partir as conchas dos caracóis, de que se alimenta. Nos troncos das árvores há, a uma certa altura, buracos que são usados por pica-paus que neles fazem os ninhos, mas que não fazem parte do ambiente do papa-moscas nem do tordo. Os elementos do ambiente de cada ave são determinados pelo conjunto de actividades próprias de cada espécie. Deveriam experimentar a leitura de uma descrição do ambiente de uma ave, ou então pedir a ornitólogo que o descrevesse. Esta descrição seria mais ou menos a seguinte: «De Verão a ave alimenta-se de insectos, altura em que são abundantes, mas no Outono come sementes. Com erva e pequenos ramos unidos com lama, faz o ninho, a cerca de três metros de altura, assente num galho de uma pequena árvore. Na Primavera e no Verão, esta ave encontra-se a Norte, até uma latitude de 55°, mas no Inverno migra para Sul, encontrando-se apenas abaixo dos 40°. Na Primavera são os machos os primeiros a regressar, para escolher os territórios para a época de reprodução, que mais tarde serão ocupados pelas fêmeas». E assim por diante. Nesta descrição detalhada, cada elemento é referido em relação às actividades da espécie. É através das propriedades dos seus órgãos sensoriais, do sistema nervoso, do metabolismo e da morfologia, que o animal consegue uma justaposição espacial e temporal dos fragmentos da natureza que constituem o ambiente que lhe é relevante. Mas, esta determinação dos aspectos do mundo exterior que importam ao organismo, não existe apenas nos animais, cuja actividade motora lhes permite a deslocação e a manipulação de partes do mundo físico. As flores cuja polinização depende de insectos que se encontram activos no fim do Verão são fertilizadas por insectos muito diferentes daqueles que polinizam na Primavera. As flores com corolas compridas e fechadas são polinizadas por colibris e mariposas, que não fazem parte do ambiente das flores com corolas abertas e achatadas, ainda que ambos os tipos de flor coexistam lado a lado. Assim, as flutuações nas populações de colibri têm uma grande influência sobre o êxito da polinização de um tipo de flor, mas não de outros, uma vez que estes pássaros integram o ambiente das flores longas e fechadas, mas não o daquelas que, espacial e temporalmente, são suas vizinhas.

Normalmente, não é possível compreender a distribuição geográfica e temporal das espécies se o ambiente for entendido como uma propriedade da região a que pertence, e não como o espaço definido pelas actividades dos organismos. Para os animais, isto pode significar que, a cada indivíduo, o comportamento permite procurar algumas condições físicas em lugares particulares, os chamados *microhabitats*, que não são, genericamente, típicos da região a que pertencem. Só assim é possível compreender o comportamento aparentemente paradoxal da *Drosophila pseudoobscura*, nas experiências levadas a cabo para determinar o melhor grau de humidade para a espécie. Aquelas moscas tanto vivem nas regiões áridas como nas mais húmidas da América do Norte. Uma vez expostas a um ambiente com um determinado gradiente de humidade, esperava-se que as moscas provenientes da região árida se deslocassem para a extremidade mais seca do gradiente, dado que as da região temperada tinham preferido a extremidade mais húmida. Mas, aconteceu o que não se esperava: as moscas das regiões áridas preferiram um elevado grau de humidade, maior até do que aquele escolhido pelas outras. A explicação para estas observações reside no facto de a humidade a que as moscas estão, de facto, expostas na natureza, ser determinada pelo *microhabitat* escolhido. Na realidade, nenhuma mosca da fruta poderia viver num ambiente extremamente seco, porque desidratar-se-ia e morreria rapidamente. As moscas da faixa geográfica muito seca vivem em pequenas fissuras, e nos espaços entre as folhas, onde a humidade é maior. Para aqueles insectos, a capacidade de sobrevivência numa região normalmente árida depende da sua habilidade para encontrar *microhabitats* húmidos. Se queremos conhecer o ambiente de um organismo devemos interrogar o próprio.

Em segundo lugar, os organismos não só determinam quais os aspectos do mundo exterior lhes são relevantes, em virtude das suas formas e metabolismos característicos, como também constroem activamente, no sentido literal da palavra, o ambiente que os rodeia. Todos sabemos que as aves e as formigas fazem ninhos, que os vermes do solo escavam os seus buracos, e que os seres humanos fabricam casas e roupa, embora estes aparentem ser casos particulares. De facto, todos os organismos terrestres, sejam plantas ou animais, criam à sua volta um invólucro que pode ser observado através de instrumentos simples. Se, por exemplo, fotografarmos com lentes *Schlieren*(*) um ser humano, a fim de distinguirmos visualmente diferenças na densidade do ar, observaremos uma camada mais densa em torno do corpo, que se desloca para cima, em direcção ao cimo da cabeça. Esta camada consiste em ar quente e húmido, que resulta do calor corporal, e pode ser observada em redor de qualquer organismo que tenha um metabolismo e que viva no ar, inclusivamente nas árvores. Consequentemente, o indivíduo não vive na atmosfera que vulgarmente imaginamos, mas sim numa atmosfera própria, que o isola do ar exterior. A existência desta camada explica o porquê de nos sentirmos a gelar quando andamos ao vento, uma vez que este desfaz aquela barreira isolante, deixando o corpo exposto à verdadeira temperatura do ar que o circunda. Em circunstâncias normais, é este invólucro morno e húmido que constitui o espaço em que o organismo se move, e que se desloca com cada ser vivo, tal como a concha de um caracol.

Em terceiro lugar, os organismos não só determinam aquilo que lhes é importante, desenvolvendo uma série de relações físicas entre os aspectos do mundo exterior que lhes são relevantes, mas também alteram continuamente o seu ambiente. Todas as espécies, e não apenas a *Homo sapiens*, destroem o seu próprio ambiente ao utilizar recursos que escasseiam, e ao transformá-los de tal maneira que não poderão voltar a ser úteis aos indivíduos que os criaram. Os nutrientes são transformados em resíduos tóxicos, através do metabolismo que existe em todas as células. As plantas absorvem água do solo, depois transpiram-na, e a água acaba por se evaporar. Apesar de a água regressar ao solo, a precipitação local é praticamente independente da quantidade de água absorvida, pelo que, em algumas regiões as próprias

(*) Tipo de lente que permite visualizar alterações de densidade em meios líquidos, sólidos e gasosos, pelo que são utilizadas, entre muitas outras finalidades, para detecção visual das diferentes camadas de ar que rodeiam os seres vivos. (N. do T.)

plantas despoletam as condições de aridez em que vivem. No entanto, consumir implica produzir. Pode dizer-se que os sistemas vivos são os operadores das transformações dos materiais, pois absorvem matéria e energia num dado estado e restituem-nas noutro, que será objecto do consumo de outras espécies. Os dejectos provenientes do consumo de nutrientes por uma espécie transformam-se, por sua vez, em alimento para outra espécie. Os excrementos dos herbívoros de grande porte transformam-se em alimento para os escaravelhos. O dióxido de carbono produzido pelos animais é a matéria-prima para a fotossíntese, que ocorre nas plantas. Assim, todos os organismos alteram não só o seu ambiente, como também o ambiente de outras espécies, de alguma maneira que pode ser essencial à sobrevivência daquelas formas de vida. A interpretação simplista e incorrecta do darwinismo, segundo a qual se afirma que a natureza «tem os dentes e as garras manchados de sangue», que todos os organismos vivem em competição constante entre si, e que é obrigatório comer para não ser comido, não leva de todo em conta este aspecto da produção dos processos vitais. O escritor satírico, americano, Mort Sahl costumava dizer: «Lembra-te que por muito egoísta, cruel e insensível que tenhas sido hoje, por cada vez que respiras fazes uma flor feliz». E esta transformação produtiva não ocorre apenas de uma espécie para outra. É bem sabido que as raízes do legumes contêm nódulos de bactérias que, no solo, transformam o azoto gasoso da atmosfera em nitratos solúveis e estáveis. Estes nitratos vêm depois a ser absorvidos pelas raízes, para nutrir a planta. Mas as raízes ainda fazem mais: condicionam fisicamente o terreno, perfurando-o, mudando a forma, a dimensão e a composição das suas partículas de maneira a facilitar o desenvolvimento de outras raízes. Simultaneamente, libertam para o solo ácidos que favorecem o aparecimento de micorrizas, que são associações simbióticas entre raízes e fungos, nas quais o fungo penetra nos tecidos das raízes, sendo estes mecanismos importantes para a nutrição da planta.

O conceito de «alteração do ambiente» não traduz exactamente o modo pelo qual os organismos modelam as suas condições locais. A intensidade da luz, a temperatura, a humidade e a velocidade do vento, que são oficialmente registadas e divulgadas em jornais, são medidas em estações meteorológicas situadas no topo de edifícios ou de montanhas, ou em espaços abertos. Mas estas não são as condições que se encontram nos campos onde se cultivam plantas, como o milho, ou nas florestas. A intensidade da luz, a temperatura, a humidade, o deslocamento de correntes de ar e a composição da atmosfera num campo abundantemente cultivado, ou numa floresta, variam com a altitude em relação ao terreno. O microclima que se gera junto à superfície é muito diferente daquele que ocorre entre duas folhas na base de uma planta de milho, tal como o que existe à volta da planta difere do das folhas da parte superior. As zonas climáticas mudam gradualmente, à medida que a planta cresce, pois as folhas alongam-se e tocam nas das plantas vizinhas. Estas variações microclimáticas desempenham um papel extremamente importante no crescimento e na produção, porque é a intensidade da radiação solar e a concentração de dióxido de carbono à superfície das folhas, que determinam a taxa fotossintética, e por consequência, a taxa de crescimento e a produtividade da planta de milho. Por isso, a taxa de crescimento tem influência sobre o microambiente, que por sua vez influencia a taxa de crescimento; e para além desta, a morfologia das folhas é também uma variável importante. A distância entre as folhas, bem como a posição destas em relação ao caule, a forma de cada uma, o ângulo que fazem com o caule ou a penugem que têm à superfície, condicionam a luminosidade, a humidade e a quantidade de dióxido de carbono que recebem, e a velocidade com que o oxigénio, produzido na fotossíntese, é libertado. Todos estes factores afectam a planta de uma maneira que é característica do seu padrão de desenvolvimento. As consequências práticas de toda esta complexidade são patentes em experiências de biotecnologia vegetal. Na tentativa de aumentar a produtividade das colheitas, os investigadores estudaram minuciosamente o microclima que rodeia a planta, e depois desenharam um novo padrão de distribuição das folhas, de modo a aumentar a luminosidade que atinge a superfície fotossintética e o dióxido de carbono disponível. Mas quando estas plantas reformuladas, nascidas dc cultivos seleccionados, foram testadas, as condições microclimatéricas para as quais tinham sido projectadas tinham-se alterado em consequência do novo padrão foliar. Assim, quando se repete o procedimento, a remodelação altera novamente as condições. Os investigadores em causa escolheram um alvo que não só está em movimento, como também é accionado pelas suas acções. Como veremos, este caso servirá de exemplo para compreendermos de uma forma mais realista a evolução por selecção natural.

Outra consequência da remodelação do ambiente por acção dos organismos é a competição entre gerações. Em algumas regiões rurais do Nordeste dos Estados Unidos, tais como Vermont ou o Norte do estado de Nova Iorque, a maior densidade populacional de sempre foi atingida por volta de 1850. Naquela época, quase toda a superfície era ocupada por fazendas. Nestas regiões, onde o estrato fértil do solo é reduzido e a estação propícia ao cultivo é breve, a produtividade agrícola era escassa, pelo que, quando o governo encorajou a colonização do Midwest, onde as condições para a agricultura eram ideais, verificou-se um enorme êxodo populacional para aquela região. Como resultado, muitos dos terrenos cultivados voltaram a ser cobertos por vegetação selvagem. Na Nova Inglaterra, este processo tem início com o crescimento de plantas herbáceas e de arbustos de pequeno porte, aos quais rapidamente sucede o abeto, ou pinheiro-alvar, cujas áreas que cobre são densas. No princípio do século XX, aqueles pinhais, que entretanto tinham atingido a maturidade, foram abatidos em grandes quantidades para produzir papel e madeira para construções. Os proprietários dos terrenos, maioritariamente fabricantes de papel, tentaram fazer reflorestações dos pinhais, mas sem êxito, uma vez que nascia, espontaneamente, uma vegetação caducifólia que não permitia a germinação de abetos. Este fenómeno ocorre naturalmente. Na Nova Inglaterra, assim que os pinheiros atingem a maturidade e começam a morrer, ou são abatidos, não são substituídos pelas suas sementes germinadas, mas sim por uma outra vegetação caducifólia. A inviabilidade da segunda geração de abetos é, em parte, devida à sua sensibilidade à fraca intensidade luminosa de que dispõem, ao contrário do que acontece com as plântulas de outros tipos de vegetação. Nas florestas desbastadas, tal como naquelas em que normalmente crescem, a vegetação mais resistente vive à sombra dos abetos adultos, e assim que aqueles desaparecem, as outras plantas crescem rapidamente, anulando a possibilidade de crescimento a qualquer rebento daquela espécie. No entanto, também os abetos, uma vez adultos, criam um ambiente de denso ensombramento que até para a própria descendência é hostil. As condições que deram origem às florestas de pinheiros foram alteradas pela vegetação, pelo que não foi possível aos pinheiros reproduzirem-se. Esta história do desenvolvimento da floresta, iniciada pelo abandono dos campos, continuada pelo aparecimento da erva e dos arbustos, que por sua vez foi sucedida pelo pinhal-alvar, e este por uma vegetação mais agressiva, é um exemplo biológico clássico, que ajuda à compreensão do fenómeno das plantas infestantes, que é objecto de estudo dos ecologistas. As plantas infestantes só crescem em condições de distúrbio ambiental, nas bermas das estradas, nos jardins, em áreas queimadas e em florestas destruídas, e depois de instaladas alteram as condições da região o suficiente para impedir o crescimento de uma segunda geração. Estas espécies continuam a existir, somente porque os distúrbios ambientais estão constantemente a ocorrer, neste ou naquele lugar, e porque são plantas com mecanismos que asseguram uma ampla dispersão das sementes. O fenómeno das plantas infestantes é uma manifestação de um princípio genérico do desenvolvimento de qualquer sistema, segundo o qual as condições que permitem o aparecimento de um estado num sistema acabam por ser anuladas pela concretização desse mesmo estado.

O quarto aspecto que quero abordar acerca da construção de um ambiente, é o facto de os organismos modularem as propriedades estatísticas das condições externas, à medida que estas passam a fazer parte do seu ambiente. Os seres vivos têm a possibilidade de agir em função do tempo e de regular taxas biológicas, o que, em discurso matemático, equivale a dizermos que também efectuam cálculos integrais e diferenciais.

Em condições que variam espacial e temporalmente, os seres vivos têm a necessidade de distribuir os efeitos das variações ao longo da vida, pois as fontes de energia nem sempre satisfazem as suas necessidades. As plantas realizam a fotossíntese durante o dia, mas não à noite, tal como o fazem na Primavera e no Verão, mas não no Inverno. No deserto, as plantas têm a capacidade de absorver muita água, germinar e crescer em apenas um ano em cada cinco, quando ocorrem chuvas ocasionais. Nas regiões temperadas, durante metade do ano, os herbívoros não têm alimento. Tem que ser possível ultrapassar estas flutuações periódicas, pelo que aqueles animais armazenam alimentos ou energia nos períodos produtivos, para os consumir depois, quando não há produção. Isto equivale a dizer que, para a fisiologia dos seres vivos, os aspectos ambientais mais relevantes devem obedecer a uma relativa constância, independentemente da periodicidade dos processos autónomos que oferecem aos organismos a base material a partir da qual criam o seu ambiente. Nos animais existem tecidos adiposos, nos quais é armazenada energia sob a forma de gordura, durante os períodos de abundância de alimento, e que mais tarde, nas épocas de escassez, podem ser metabolizados. Os ovos dos insectos, dos répteis e das aves, têm um tipo particular de armazenamento de gordura, que fornece energia para que o desenvolvimento possa ocorrer, uma vez que embrião não pode nutrir-se autonomamente. Este mecanismo é mais evoluído nos insectos holometabólicos, cuja forma adulta se desenvolve dentro de uma pupa, ou casulo. Nestas espécies, a larva é apenas uma máquina que se nutre e armazena energia, comendo vorazmente. Depois, forma-se a pupa e todas as estruturas larvares são destruídas à excepção dos tecidos embrionários, de onde se desenvolve o animal adulto, recorrendo às reservas energéticas. As plantas armazenam energia em tubérculos subterrâneos, ou sob a forma de hidratos de carbono e de proteínas contidas nas sementes, para que, a partir da energia internamente depositada, seja possível o crescimento que normalmente ocorre no ano seguinte, ou para que a potencial geração latente nas sementes se possa desenvolver.

Periodicamente, uma espécie pode utilizar, em benefício próprio, as épocas de síntese de reservas energéticas de outra. Os carvalhos armazenam energia fotossintética produzindo bolotas, e os esquilos acumulam energia apropriando-se delas e armazenando-as. As culturas humanas criaram mecanismos especiais para este tipo de apropriação de recursos. Os rituais festivos e as cerimónias em que são oferecidos presentes, tal como o *potlatch* dos índios da costa do Pacífico, têm lugar em épocas em que os recursos são abundantes, para afugentar as épocas más. As sementes de milho são energia acumulada que, sendo dadas a comer aos porcos, é armazenada sob a forma de gordura. Uma vez abatidos os porcos, a carne é depois fumada ou congelada, conservando assim energia para os consumidores, que pagam aproximadamente o mesmo preço pela carne de porco durante todo o ano, porque os mercados de bens de consumo distribuem as flutuações de preço entre as estações produtivas e não produtivas. O dinheiro integra a disponibilidade dos recursos através das poupanças, dos investimentos e dos empréstimos.

E não é só a energia a ser integrada em função do tempo, mas também os sinais do mundo físico. Muitas plantas florescem quando o período luminoso diário acumulado a uma determinada temperatura atinge um determinado patamar. O início do período de hibernação dos mamíferos, como os ursos, coincide com a altura em que certas substâncias, no sangue, atingem um nível crítico. Meia dúzia de dias nublados, ou mais frios, não farão com que os pássaros comecem a migrar para sul, ou as folhas das caducifólias comecem a cair. Em todos estes casos, verifica-se uma transdução de sinais externos em informações químicas latentes, que activam alterações fisiológicas e comportamentais ao ser atingido um limiar crítico.

Os organismos também fazem distinções espaciais e temporais, de modo a poderem percepcionar alterações nas condições exteriores, e reagir em conformidade. Do ponto de vista dos processos vitais de alguns seres vivos é a velocidade de alteração, mais do que o valor absoluto dos factores físicos, que faz parte do seu ambiente e que é incorporado no próprio meio ambiente, pela natureza do organismo. Entre os invertebrados é comum a reprodução sexuada e a assexuada alternarem. No caso dos parasitas, o sinal que despoleta a passagem de reprodução assexuada para sexuada é a mudança de um hospedeiro primário para um secundário, que ocupe um lugar mais recente na história evolutiva da espécie parasita. Uma explicação razoável para esta inversão do modo reprodutivo, é que no decurso da evolução da espécie parasita foram sendo seleccionados alguns genótipos que permitiram uma elevada sobrevivência no hospedeiro primário, mas quando há uma mudança de hospedeiro são necessários novos meios biológicos que tornem possível a adaptação. A reprodução assexuada não introduz alterações nos genótipos parentais, enquanto a reprodução sexuada os recombina, produzindo uma vasta gama de novos genótipos, alguns dos quais podem oferecer uma maior adaptabilidade em relação ao novo hospedeiro. Neste caso existe uma correspondência directa entre o modo reprodutivo e o hospedeiro, que explica como é que uma espécie pode alterar o seu modo de reprodução em resposta a um ambiente «mais hostil». Uma situação mais interessante ocorre quando a direcção da alteração é irrelevante. Nos *Cladocera*, pequenos artrópodes de água doce, a reprodução permanece assexuada desde que a temperatura, o oxigénio do meio aquático, o alimento e o espaço disponível se mantenham constantes. Se em algum destes factores houver uma alteração significativa, quer seja um aumento ou um decréscimo, os *Cladocera* passam a reproduzir-se sexuadamente. Concretamente, não são os valores daqueles parâmetros que importam, mas sim uma qualquer alteração dos mesmos, que se traduz pela activação dos mecanismos de reprodução em que há recombinação de genótipos. Os organismos detectam alterações quantitativas mas não os valores absolutos, e como tal, aplicam o cálculo diferencial.

Por último, os organismos determinam, através da sua biologia, a natureza física efectiva dos sinais provenientes do exterior. Convertem um sinal físico num outro muito diferente e, como resultado, este é percepcionado pelos sistemas orgânicos como uma variável ambiental. Num mamífero, quando a temperatura do ar se eleva, o aumento da agitação térmica das moléculas do meio exterior não produz um aumento equivalente na cinética molecular do seu meio interno. A mais pequena alteração da temperatura interna é convertida num sinal endócrino libertado pelo hipotálamo, que produz um grande número de modificações fisiológicas, a nível neuronal e anatómico, tais como alterações na concentração de hormonas, nos níveis plasmáticos de açúcar, no ritmo respiratório, na actividade química das glândulas sudoríparas e na contracção das fibras musculares da pele. Esta transdução de um tipo de sinal noutro diferente decorre da biologia interna da espécie e, como tal, cada espécie tem o seu padrão de reacções específico. Ao contrário de um mamífero, se uma cascavel atravessar uma corrente de ar quente, a agitação térmica das moléculas no interior do seu organismo irá aumentar consideravelmente, pelo que procurará rapidamente um ambiente diferente, rastejando para debaixo de uma rocha ou de um arbusto. Se eu estiver a caminhar pelo deserto e incomodar a cascavel, diferentes sinais chegarão à minha retina e aos meus ouvidos, sob a forma de fotões e de ondas sonoras. Estes sinais físicos serão imediatamente transduzidos pela minha fisiologia, num notável aumento da concentração de adrenalina na corrente sanguínea, que terá como consequência um aumento da transpiração, tensão arterial, ritmo cardíaco e respiratório. Se, por outro lado, os mesmos fotões e as mesmas compressões do ar chegassem a uma outra cascavel, verificar-se-iam modificações internas completamente diferentes, especialmente se fosse uma serpente do sexo oposto. Estes são exemplos simples e óbvios da atitude que, na generalidade, atribui à biologia, e mais concretamente aos genes, o poder que um organismo tem para determinar o seu próprio ambiente, através do processo adoptado para incorporar os sinais físicos do exterior nas suas reacções. Os fenómenos externos comuns do mundo físico e biótico passam através do filtro de transformação criado pela biologia própria de cada espécie, e é o produto desta transformação que atinge o organismo, tornando-se-lhe relevante. A metáfora platónica da alegoria da caverna é muito apropriada: quaisquer que sejam os processos autónomos do mundo exterior, não podem ser percepcionados pelo organismo. A sua vida é determinada pelas sombras que vê nas paredes que, por sua vez, são o resultado de um conjunto de operações efectuadas pelo próprio organismo.

Pode objectar-se que uma tal visão da relação entre organismo e mundo exterior despreza forças físicas e princípios universais, aos quais nenhum ser vivo pode ser alheio. Afinal, não foram os organismos que inventaram a lei da gravidade. Na realidade, existem relações que determinam o modo como os organismos constroem o seu ambiente, mas as limitações físicas «universais» revelam-se, frequentemente, relevantes apenas para certos tipos de organismos. A nível macroscópico, espécies diferentes vivem, relativamente a essas forças, em campos de influência distintos. A lei de gravitação universal é um exemplo, pois o facto de a gravidade ser, ou não, um factor influente para o ambiente de uma espécie depende das dimensões dos respectivos indivíduos. Os animais de dimensões médias ou grandes, como os vertebrados, têm uma anatomia estruturalmente limitada pela gravidade. Por isso, os grandes dinossauros, bem como os elefantes, precisavam de ossos com uma elevada densidade para poder ser maiores. A resistência dos ossos aumenta com a área de secção transversal, e assim, proporcionalmente ao quadrado das dimensões lineares daquele órgão, mas o peso que os ossos suportam aumenta relativamente ao cubo das suas dimensões lineares. Pelo contrário, as bactérias que vivem num ambiente aquático não estão sujeitas à força da gravidade, que é uma força desprezível para corpúsculos de dimensões tão minúsculas a flutuarem num líquido. Mas as diferenças de dimensão entre elefantes e bactérias estão codificadas no seus genes, e portanto, neste sentido, é a informação genética que determina a relevância da gravidade para os organismos. Também a este propósito, os dinossauros maiores atenuavam os efeitos da gravidade vivendo, em parte, submersos, o que era igualmente consequência da informação contida nos seus genes. As bactérias, ainda que possam ignorar a força gravítica em virtude de serem minúsculas, estão seriamente sujeitas a uma outra força física «universal», devido às suas dimensões. Se observarmos bactérias ao microscópio, num meio de cultura líquido, vemos que são sacudidas pela agitação térmica das moléculas do meio de cultura, a mesma força que gera o movimento *browniano*(*). Nós, pelo contrário, não somos continuamente agitados pelas moléculas de ar, por sermos grandes demais para que o movimento *browniano* daquelas moléculas nos afecte. As diferenças de dimensões e dos diversos meios em que os organismos vivem têm uma importância dominante na determinação das suas relações com o ambiente, mas estes factores decorrem da biologia interna das espécies.

Também é necessário compreender que a vida, na globalidade, evolui em condições externas que são consequência das próprias actividades biológicas. Actualmente, a atmosfera terrestre

(*) Movimento de colisão de partículas microscópicas em meio líquido ou gasoso, que se caracteriza, em particular, pelo seu carácter aleatório. (N. do T.)

contém cerca de 20% de oxigénio e 0,03% de dióxido de carbono, e estas quantidades impõem sérios limites à evolução das espécies. Mas a presente composição do ar decorre directamente de actividades biológicas de formas de vida do passado. A atmosfera pré-biótica, tal como a atmosfera de outros planetas, não continha quase nenhum oxigénio livre, uma vez que este elemento é tão reactivo que apenas existia combinado com outros elementos. Na realidade, a maior parte encontrava-se sob a forma de dióxido de carbono, presente em altas concentrações na atmosfera e na água. O oxigénio que agora existe na atmosfera, deve-se à fotossíntese realizada pelas plantas verdes, as mesmas que retiveram o dióxido de carbono em forma sólida, em carbonato de cálcio (o calcário depositado pelas algas) ou em combustíveis fósseis. As condições físicas externas que restringem a evolução dos seres vivos actuais foram proporcionadas pelos seus antepassados.

Poder-se-á afirmar que, em algumas circunstâncias, os organismos «se adaptam» a um ambiente imposto pelo exterior, mais do que «moldá-lo» com as suas actividades vitais? Os agricultores pulverizam os seus campos com insecticidas, e estes constituem um desafio externo para os insectos. Ocasionalmente, dão-se grandes erupções vulcânicas, que podem encher de poeira toda a atmosfera terrestre em quantidade suficiente para influenciar decisivamente o crescimento das plantas em qualquer parte, ainda que por curtos períodos. Todavia, se é verdade que alguns corpos de grandes dimensões, provenientes do espaço, se despedaçaram sobre a Terra, as perturbações da atmosfera que ocorreram terão afectado todas as formas de vida por um período de tempo mais longo, e poderão ter causado a extinção de um grande número de espécies. A inclinação do eixo de rotação terrestre muda progressivamente em relação ao sol, e uma das consequências da precessão do eixo é a alternância de épocas de aquecimento e de arrefecimento no planeta. Por essa razão, verificam-se periodicamente glaciações, e os organismos têm que adaptar-se a elas mas, mesmo nestes casos, a biologia actua na definição do desafio exterior. À medida que os insectos se adaptam aos insecticidas, tornando-se mais resistentes, obrigam os agricultores a pulverizar mais frequentemente e a mudar de composto químico. Assim, modelam o seu próprio ambiente, que lhes é hostil. Até nas alterações planetárias mais significativas, a importância de um desafio para uma espécie depende, em parte, da sua biologia. As plantas terrestres e os grandes herbívoros, que delas dependem para sobreviver, sofrem muito mais com as erupções vulcânicas e com as quedas de meteoros sobre a superfície terrestre, do que as espécies aquáticas. As extinções em massa que ocorreram no passado não atingiram espécies ao acaso, mas sim em função da biologia de cada uma. A concepção de evolução que postula um mundo externo autónomo, feito de «nichos» nos quais os organismos devem inserir-se, através da adaptação, não considera um dos aspectos mais próprios da história da vida.

A compreensão de que os organismos criam o próprio ambiente, e que sem organismos aquele não existe, comporta uma consequência política imediata. O crescente movimento ambientalista que tenta impedir diversas alterações na natureza que, na melhor da hipóteses, serão desagradáveis, e na pior, catastróficas para a existência humana, não pode prosseguir racionalmente se continuar a utilizar as falsas palavras de ordem «Salvem o Ambiente», pois não existe um «ambiente» a salvar. O planeta, habitado por organismos vivos, é continuamente modificado e reconstruído pelas actividades de todos os seres vivos, e não apenas pela actividade humana. Também não faz sentido que o movimento ambientalista continue a hastear a bandeira que tem escrito «Salvemos as espécies em vias de extinção!». De todas as espécies que já existiram, 99,99% estão extintas, e todas as que actualmente existem extinguir-se-ão um dia, e se não for por outra razão, daqui a cerca de dois mil milhões de anos o sol explodirá, destruindo o planeta. Dado que a vida na Terra teve origem há cerca de dois mil milhões de anos, podemos afirmar com segurança que, neste momento, está a meio caminho. Não existem provas que confirmem a suposição de que os seres vivos ao longo da evolução se tenham, de alguma modo, adaptado melhor ao mundo. Ainda que o período médio da origem à extinção de uma espécie tenha variado entre as diferente eras, devido às glaciações, à deriva continental e à queda ocasional de meteoros, não demonstrou, a longo prazo, qualquer tendência para aumentar. Também não existe nenhuma base objectiva para sustentar a tese segundo a qual as espécies estão em harmonia ou equilíbrio entre si, ou com o mundo exterior. Não podemos impedir que o ambiente se modifique, nem que as espécies se extingam. Será necessária toda a força política passível de ser comandada para apenas influenciar a direcção e a velocidade da mudança na natureza. Podemos procurar actuar em relação à velocidade de extinção e à direcção das alterações ambientais, de forma a tornar a vida humana tão boa quanto possível. O que não podemos fazer é deixar as coisas como estão.

III

O todo e as partes: causas e efeitos em Biologia

III

Os capítulos precedentes tratam de dois aspectos do mesmo tema: como será possível segmentar a natureza dos objectos e dos processos, de forma a compreender correctamente a história e o funcionamento dos fenómenos naturais? O problema da análise do mundo, através de unidades e segmentos lógicos, tem origem na tradição analítica que a ciência moderna herdou do século XVII. Se o animal é semelhante a uma máquina, como Descartes defendeu no *Discurso do Método,* então é constituído por partes distintas, claramente distinguíveis, tendo cada uma delas uma relação causal com o movimento das outras. Mas o modelo cartesiano não se resume a uma descrição do funcionamento do mundo, é também um manifesto dos métodos de estudo dos fenómenos naturais. Se eu quiser estudar um animal, como se de uma máquina se tratasse, então presumo que o posso segmentar em partes cuja identidade, enquanto elementos constituintes, não apresenta qualquer problema, e que estão ligadas entre si por uma cadeia de dependências, da qual resultam as propriedades do todo. Ao abrir um relógio de corda, para conhecer a sua mecânica, vou encontrar uma série de engrenagens, alavancas e molas, de cujo estatuto de componentes do relógio não posso duvidar. O ponto em que acaba uma engrenagem e outra começa é indiscutível, como também o é o facto de estes elementos aparentemente independentes comportarem relações funcionais que é necessário explicar para perceber como trabalha, globalmente, o relógio. Em segundo lugar, removendo, alterando ou interferindo separadamente em cada engrenagem ou alavanca, posso analisar as forças concatenadas que põem em funcionamento, e regulam, aquela máquina. A decorrente explicação será baseada no modo como uma mola transmite uma força motriz a uma roda dentada, a qual acciona uma outra, que por sua vez activa uma terceira e assim sucessivamente, tudo isto a uma velocidade determinada pelo número de dentes de cada roda, e limitada pelo próprio mecanismo de escapo. Verificamos assim, uma clara sucessão de causas e efeitos entre aqueles elementos físicos que compõem o relógio. O uso deste método analítico para compreender e estudar os sistemas biológicos, apropriado a uma máquina, está implícito na própria palavra «organismo», usada pela primeira vez no século XVIII, em que se estabelece uma analogia entre o ser vivo e o órgão, um instrumento musical composto por elementos independentes que interagem entre si para produzir um resultado final. Esta concepção da natureza rompe radicalmente com o conceito holístico e pré-iluminista dos sistemas naturais, então tidos como entidades indissolúveis, e que portanto, não podiam ser compreendidas através do estudo das diversas partes constituintes, visão esta que se repete em Alexander Pope:

> «Como que persegues a vida nas criaturas que dissecas/
> mas perde-la no momento em que a revelas».

Nos últimos trezentos anos, o modelo analítico tem alcançado um sucesso imenso, pois explica a natureza de uma maneira que nos permite manipulá-la e prevê-la. Parece óbvio que a visão holística do mundo impede qualquer possibilidade de compreensão prática dos fenómenos naturais. Mas o sucesso do modelo mecanicista, que contrasta com a falência do holismo obscurantista, induziu-nos a um entendimento demasiadamente simplificado das relações que medeiam as partes e o todo, e daquelas que ocorrem entre causas e efeitos. O êxito do reducionismo ingénuo, e da análise simplista deve-se, em parte, à natureza oportunista do trabalho científico. Os cientistas tentam precisamente esclarecer estas questões que se adaptam precisamente aos seus métodos, tal como os exércitos medievais sitiavam as cidades por um certo período de tempo, subjugando aqueles cujas defesas eram fracas, mas deixavam para trás, por conquistar, ilhas de resistência. A ciência, tal como nós a empregamos, resolve os problemas para os quais os seus métodos e conceitos são adequados, e os cientistas bem sucedidos aprendem depressa a considerar apenas aqueles que, em princípio, terão solução. Enfatizando o seu indiscutível sucesso nas soluções para as questões simples, os investigadores asseguram que, mais cedo ou mais tarde, as suas ferramentas triunfarão mesmo sobre os mais complexos desafios. Se a descodificação da sequência do ADN esclareceu o processo através do qual a informação que determina a estrutura das proteínas é armazenada nas células, então a compreensão da estrutura de algumas moléculas, talvez até a do ADN, há-de certamente permitir-nos saber como é que a informação acerca da estrutura social é armazenada no cérebro. É claro que a informação sobre a estrutura das proteínas não está toda codificada na sequência do ADN, uma vez que a organização dos polipéptidos em proteínas não é absolutamente especificada pelas sequências de aminoácidos. Este facto é convenientemente ignorado, já que nas condições fisiológicas das células normais aquele processo é único. Porém, quando as células são anormais, ou lhes são artificialmente inseridos genes humanos, observam-se resultados diferentes na organização tridimensional das proteínas, pois naquelas moléculas a estrutura «correcta» e definitiva depende de uma sequência de interacções entre os polipéptidos, que não se concretiza se as condições não forem as apropriadas. Na verdade, não conhecemos as normas que regulam a estruturação das proteínas, e por isso ainda ninguém conseguiu programar um computador que, partindo de uma sequência de aminoácidos, simulasse a estrutura do respectivo polipéptido. Mesmo os programas que tentam reproduções da organização de segmentos de proteínas, inserindo-os em classes estruturais amplas, como é o caso das hélices α ou das folhas β, são rudimentares e não conseguem uma resolução superior a 75%; e nem há sinais de progressos. A dificuldade advém do facto de uma proteína não ser um simples cordão de aminoácidos, ainda que aqueles a constituam. É uma molécula única, com propriedades vibracionais e tridimensionais próprias, que se alteram durante os diferentes passos de maturação da estrutura, pelo que tentar reproduzir o fenómeno de minimização da energia livre durante aquele processo, é extremamente difícil. Os biólogos moleculares não costumam dar atenção ao facto de ignorarmos o processo que determina a estrutura daquelas moléculas e, em vez disso, continuam a repetir, dogmaticamente, que é o DNA que as fabrica.

Não obstante os extraordinários sucessos da biologia analítica e reducionista, as questões mais interessantes, as questões da mente e da morfologia, permanecem praticamente intocadas. Qual é a neurofisiologia e a neuroanatomia da memória especificamente armazenada? Encontrar-se-ão as memórias nos mesmos «locais» em momentos diferentes? Até o computador mais simples altera a localização de memórias à medida que novas informações chegam. E como funciona a atenção consciente? Enquanto escrevo este capítulo, há um momento em que penso na frase que estou a escrever, mas depois interrogo-me sobre a próxima sonata que a minha mulher irá tocar, e a seguir, sobre o trabalho que o canalizador fez hoje em minha casa, e por fim, a minha atenção regressa ao manuscrito. O que poderá determinar as informações armazenadas no meu cérebro, que me ocorrem a dado momento? A dificuldade do problema não está na partícula de conhecimento que nos falta para superar este impasse, mas sim no facto de não sabermos como formular as devidas questões.

Perdidos no modelo mecanicista, adoptámos, ao longo das diferentes eras tecnológicas, uma série de metáforas em voga. Inicialmente comparado a uma central telefónica, o cérebro humano passou depois a ser visto como um holograma, posteriormente, um computador digital elementar, seguiu-se o modelo do computador de processamento de dados em simultâneo, e agora é tido como um computador que opera em rede.

A nossa ignorância acerca de como são gerados os caracteres morfológicos permanece profunda, independentemente dos progressos atingidos na biologia do desenvolvimento através da genética molecular. A genética do desenvolvimento não fez mais do que substituir uma interrogação, para qual não temos resposta, por outra, à qual sabemos responder. A interrogação original era: por que é que as saliências que crescem em ambos os lados da minha cabeça têm a forma e a estrutura de orelhas em vez de pés, e por que é que têm o aspecto de orelhas humanas, e não de orelhas de elefante? A pergunta à qual a genética do desenvolvimento soube dar resposta é: quais os genes que se expressam nas células da extremidade anterior de um embrião, e quais os que se expressam na extremidade posterior? Mas conhecer estes genes não é uma resposta ao problema da forma; uma interrogação que, mais cedo ou mais tarde, deverá ter uma resposta em termos de descodificação da génese de estruturas celulares internas (um outro problema de forma), do plano e número das divisões celulares, do deslizamento e das recomposições das camadas de tecidos, e acima de tudo, das designadas «informações de posição» que influenciam de modo determinante estes processos de localização, que ocorrem por todo o corpo do embrião.

A dificuldade de aplicar o simples modelo da máquina ao estudo dos organismos surge por três motivos. Os organismos apresentam dimensões intermédias, são internamente heterogéneos em modos relevantes nas suas funções, e estabelecem complexas relações causais com outros sistemas heterogéneos. São diversas as consequências destas características que tornam inapropriado o modelo mecanicista enquanto instrumento de compreensão ou de análise. Em primeiro lugar, não existe uma maneira única e óbvia para segmentar um organismo em «órgãos» apropriados à análise estrutural das suas funções. Em segundo lugar, o organismo é o ponto de confluência de um grande número de forças que, sendo pouco determinantes, não são dominantes por si mesmas. Em terceiro lugar, a separação entre causas e efeitos revela-se problemática. Por último, os processos orgânicos têm uma contingência histórica própria que inviabiliza as explicações universais.

O problema de como estabelecer o método mais apropriado para segmentar um organismo, e as respectivas funções, está na base de muitas das mais acesas divergências em Biologia. Actualmente existe uma fosso considerável que separa os biólogos moleculares, que insistem em afirmar a descrição da estrutura e das propriedades químicas das suas moléculas como a explicação definitiva para o funcionamento dos seres vivos, dos biólogos que defendem como objecto válido o organismo na sua totalidade, sobretudo se pretendermos compreender a evolução da vida. É todo o organismo que vive ou morre, que se reproduz com maior ou menor sucesso e, por isso, é o organismo completo que se sujeita à selecção natural. Mas esta contraposição entre moléculas e organismos, apresentada como o ponto mais acertado para observar e explicar, é falsa. É verdade que a biologia molecular, na sua forma redutora mais extrema, parece defender que a estrutura de uma molécula isolada tem um imenso valor explicativo; é esse o alcance da noção de autoreplicação do ADN. Mas no estudo corrente da biologia molecular, o verdadeiro objecto da investigação é a interacção entre uma molécula e muitas outras, como é exemplo o mecanismo de síntese de novas cadeias de ADN, em que as precedentes são usadas como moldes, ou a síntese de proteínas a partir de informação contida em sequências daquela molécula. Para levar avante o programa de estudos moleculares sobre o funcionamento ou o desenvolvimento celular é necessário traçar um mapa das reacções causais que ocorrem entre moléculas, porque não é possível saber *a priori* que reacções constituem uma unidade funcional relevante. Num certo sentido, as diversas abordagens moleculares da biologia são tentativas de identificação das unidades de encadeamento causal «natural», que partem de elementos singulares.

Reciprocamente, os biólogos que defendem a concepção do organismo na sua totalidade nunca usaram, em concreto, todo o organismo como objecto de estudo, pois, de uma maneira ou de outra, sempre o analisaram detalhadamente, sem explicar convenientemente com que critério partiam para aquela operação. Os evolucionistas procuram explicar a evolução da mão, do cérebro ou do aparelho circulatório, bem como a forma das folhas ou a morfologia das flores. No entanto, ao fazê-lo, fragmentam o organismo através de um procedimento um tanto intuitivo que nos aproxima mais da psicologia da percepção humana do que, efectivamente, das relações entre as diversas partes dos animais e das plantas. Em que circunstâncias será a mão uma unidade para o estudo da evolução mais válida do que o dedo ou do que uma articulação do dedo? Um exemplo das dificuldades que surgem da segmentação anatómica arbitrária de um organismo é o problema da evolução do queixo na espécie humana. A anatomia humana constitui, geralmente, um exemplo do fenómeno do desenvolvimento neoténico, querendo isto significar que o ser humano adulto se assemelha mais a um feto de macaco do que a um macaco adulto. Durante a última fase do desenvolvimento fetal do rosto e do crânio de um macaco, as arcadas supraciliares e a crista sagital crescem bastante, diferenciando-se bem, enquanto os seres humanos aparentam nascer com aquelas características no estádio precedente do desenvolvimento do macaco. O queixo é uma excepção a esta regra, pois os fetos humanos e os de macaco apresentam o queixo recolhido nas primeiras fases do desenvolvimento mas, no caso humano, à medida que o embrião se desenvolve o queixo vai ficando cada vez mais proeminente. Tem-se especulado muito acerca do motivo pelo qual a selecção natural escolheu o queixo proeminente para os seres humanos, abrindo uma excepção à regra da neotenia. No entanto, não parece que a resposta consista num fenómeno particular de adaptação do queixo, mas sim no facto de este não existir! O elemento da anatomia facial que identificamos como queixo, decorre do crescimento de dois ossos independentes, os alvéolos dentários, nos quais estão inseridos os dentes da maxila inferior, e o osso mandibular, que dá origem à mandíbula propriamente dita. No decurso da evolução humana, estes dois ossos têm vindo a diminuir em relação ao resto do crânio, e ambos revelam traços de neotenia. Contudo, a recessão dos alvéolos dentários foi mais rápida do que a do osso mandibular, e como resultado surge uma protuberância, ou seja, «o queixo». Não se trata de uma unidade funcional, ou encadeada no desenvolvimento, mas sim de uma forma acidental, à qual a percepção comum deu um nome, e que se tornou objecto de estudos científicos. Os erros que resultam da agregação arbitrária estão profundamente implantados em grande parte das explicações adaptativas, sobretudo quando se procura dar uma justificação evolutiva aos comportamentos sociais dos seres humanos. Desta forma, os sociobiólogos formulam explicações em termos de adaptação e de selecção natural para a tendência universal dos seres humanos para formarem religiões, ainda que a maior parte das culturas, incluindo a da Grécia antiga, não tenham uma entidade social própria (nem uma designação) que corresponda à categoria ocidental moderna.

Por vezes é sugerido que as unidades de estudos mais apropriadas são as funcionais, mas este ponto de vista apenas evidencia ainda mais claramente a ambiguidade da questão. Por «função» entendemos uma qualquer propriedade do organismo que servia para o manter vivo e que lhe permita reproduzir-se.

Uma dificuldade fundamental que se encontra, quando se procuram as suturas «naturais» entre as várias partes de um organismo, é o facto de existirem funções a diversos níveis de agregação. A circulação sanguínea assegura a função vital da respiração celular, através do transporte de oxigénio e da remoção dos produtos tóxicos que resultam do metabolismo, pelo que o coração parece ser uma unidade anatómica natural. Mas a contracção muscular também serve ao batimento cardíaco, o que torna a estrutura daquelas células, bem como do seu padrão neurofisiológico, num nível de estudo apropriado. No entanto, a contracção individual de cada fibra muscular permite o movimento de todo o músculo, e este processo depende da bioquímica de duas proteínas, a actina e a miosina. Existe uma escala hierárquica de funções, sobre as quais assentam outras funções, e nenhum destes níveis é exclusivamente correcto para a análise de um processo, tal como o não é para o estudo do história evolutiva do organismo. O outro problema da função é o facto de, para além da hierarquia vertical das funções, haver uma multiplicidade horizontal de percursos funcionais que definem territórios de acordo com diferentes topologias. Os ossos servem para fornecer rigidez ao corpo e pontos de adesão aos músculos. Mas também são os locais para armazenamento de cálcio, e a medula óssea é o tecido no qual os novos eritrócitos são produzidos. Dependendo do mecanismo causal que nos interesse, os ossos podem ser elementos estruturais macroscópicos ou conjuntos de células que segregam cálcio, ou ainda, um tecido embrionário gerado a partir do sistema circulatório.

A abordagem funcional à definição das partes esclarece o efectivo processo de definição. Para serem «partes», as coisas têm que fazer parte de alguma coisa, isto é, não existem elementos constituintes sem que haja um todo, do qual são as peças. Nos sistemas biológicos, devido à hierarquia de funções e aos múltiplos percursos causais que interceptam, a determinação das partes constituintes é apenas possível depois do «todo» apropriado ser definido. Ao contrário de simples sistemas físicos, tal como o sistema solar, o todo não se define pelo espaço que ocupa, mas sim pelas suas funções e pelas vias causais que as concretizam. Aristóteles acreditava que a função do cérebro era arrefecer o sangue, e de facto, a extensa rede de capilares sanguíneos que temos à superfície daquele órgão irradia quantidades significativas de energia térmica para o exterior. Do ponto de vista da termoregulação, a divisão do cérebro em cerebelo e córtex temporal, parietal e frontal, não tem qualquer sentido. Só quando pensamos nas funções sensoriais, motoras e cognitivas é que esta partição neuroanatómica corrente passa a significar as partes de um todo.

A atitude reducionista que temos para com a natureza, e que domina a investigação biológica, processa-se normalmente a dois níveis. Começa por um método analítico com direcção ao objecto de estudo, através do qual o todo é desmontado, a que se segue uma fase de síntese, na qual se identificam os mecanismos causais entre as partes. Esta forma de pesquisa avança até a definição de todo ser clara, e haver uma anatomia bem explorada daquele sistema. O sistema solar é constituído pelo sol, pelos planetas e pelas suas luas. Toda a sua dinâmica pode ser expressa em termos de massas, distâncias e velocidades daqueles corpos com uma definição espacial. A investigação biológica, pelo contrário, parte frequentemente de um processo teórico de síntese de conhecimentos, no qual os objectos e os fenómenos são entendidos como partes de um todo ainda indeterminado. Tal como numa peça de Pirandello, são personagens à procura de um autor. O Projecto do Genoma Humano, cujo objectivo é sequenciar todo o ADN de um genoma humano (na realidade composto pelo ADN de diversos seres humanos), obedece precisamente a esta fórmula. A primeira etapa consiste em identificar a sequência completa de A, T, G e C, que constituem os mais de três mil milhões de nucleótidos daquela molécula. De seguida, esta sequência tem que ser dividida em fragmentos de comprimento variável, que correspondem às unidades funcionais, ou seja, aos genes e aos seus elementos de regulação. Na própria sequência existem sinais que nos fornecem pistas acerca da localização do segmento que, no gene, codifica uma proteína; mas aqueles sinais não passam de palpites que apenas podemos confirmar se detectarmos a proteína no organismo. Além disso, é praticamente impossível apontar com certeza os limites das sequências de regulação e cada caso terá que ser investigado através de um processo tecnicamente árduo, que implica que sejam provocadas alterações ao ADN que posteriormente são despistadas através das possíveis consequências fisiológicas ou embriológicas. Por conseguinte, é impossível saber como dividir uma sequência de ADN com o intuito de isolar os respectivos genes, sem antes percebermos como é que a célula descodifica as diferentes partes daquela molécula para sintetizar proteínas. Mas esta é apenas a primeira etapa. Mesmo depois de identificarmos todos os genes como unidades funcionais relativamente à síntese proteica, não conheceremos as funções daquelas proteínas, pelo que não saberemos como agrupar todos aqueles genes e as respectivas proteínas em subsistemas funcionais com relações causais de funcionalidade. Em vez disso, estaremos na mesma situação do paleontólogo que sabe que o Estegossauro tinha grandes placas ósseas ao longo do dorso, e que faz a pergunta «para que serviriam?». Em Biologia, esta questão «para quê?» não é sempre a mesma, ao contrário do que acontece quando inspeccionamos o motor de um automóvel ou abrimos a caixa de um relógio. Neste último exemplo conhecemos à partida o mecanismo, e por isso temos a certeza que todas as peças trabalham em função das outras. No caso dos organismos existem, obviamente, funções gerais tal como o movimento, a respiração e a reprodução, que são universais, mas existem funções particulares, próprias de cada forma de vida, que à partida não conhecemos. Para além disso, não é de forma alguma verdade que todas as partes estejam implicadas na realização de uma função. Muitas características dos seres vivos são consequências epifenomenais de alterações que ocorrem no desenvolvimento, ou vestígios dispensáveis, herdados de antepassados extremamente remotos. Só por um compromisso quase religioso com a crença de que tudo na natureza tem uma função é que formularíamos uma explicação em termos de funcionalidade para as impressões digitais, para as sobrancelhas ou para a pelugem torácica dos homens. Em Biologia não podemos evitar a relação dialéctica que existe entre as partes e os todos. Antes de podermos reconhecer pedaços que comportem um significado, temos que definir o seu todo funcional, do qual são os constituintes. Iremos então identificar topologias particularmente diferentes, dependendo daquilo que quisermos explicar.

A questão de como dividir um organismo em sistemas efectivamente independentes, que por si só nos permitam explicações válidas, atravessa mesmo as descrições mais simples. Um exemplo disso é a questão de saber se é possível descortinar a evolução de um gene com base apenas nos efeitos das suas diferentes formas, ou se, pelo contrário, é forçoso considerar simultaneamente famílias de genes nos estudos de evolução. Considerem um gene com dois alelos, *A* e *a*, sendo que os efeitos de cada um na fisiologia do organismo são distintos. Os três possíveis genótipos, *AA*, *Aa* e *aa* terão, necessariamente, diferentes probabilidades de sobrevivência e de reprodução, que podem ser numericamente expressas em termos de valor adaptativo, e representadas por W_{AA}, W_{Aa} e W_{aa}. Para uma população com quaisquer proporções dos três genótipos, podemos calcular o valor adaptativo médio, W (a partir do respectivo valor de cada indivíduo), multiplicando o valor adaptativo de cada genótipo pela sua frequência relativa na população e somando-lhe os outros genótipos. É um princípio básico da dinâmica da genética evolutiva que a frequência dos diferentes genótipos se altere no sentido de aumentar o valor adaptativo médio em cada geração, até atingir um valor máximo. Os genótipos mais bem adaptados têm mais descendência, pelo que representam uma proporção crescente de geração em geração, e assim o valor adaptativo da população aumenta. Imaginem um segundo gene com duas formas alélicas distintas, *B* e *b*. Os três genótipos *BB, Bb* e *bb* também têm valores adaptativos diferentes e a frequência de cada um deles alterar-se-á igualmente no sentido de aumentar o valor adaptativo da população. No entanto, cada indivíduo da população tem apenas um genótipo dos três possíveis para cada um daqueles dois genes, então, considerando-os conjuntamente, percebemos que existem nove genótipos possíveis e diferentes entre si, cada qual com o seu valor reprodutivo. Qual parece ser a dinâmica evolutiva dos genes, num caso destes? A resposta terá que ser obtida em função da interdependência dos valores adaptativos de cada genótipo. Uma das possibilidades pode ser o facto de a diferença de valores adaptativos entre dois genótipos do mesmo gene não afectar o outro gene. Um exemplo extremamente simplificado está ilustrado na tabela 3.1. O valor adaptativo de *Aa* é precisamente intermédio entre *AA* e *aa*, independentemente do genótipo presente no *locus B,b* e, reciprocamente, o valor adaptativo do genótipo *Bb* é exactamente intermédio entre *BB* e *bb*, independentemente da situação do locus *A,a*. Neste caso, cada gene evoluirá sem quaisquer influências do outro, e a cada geração as frequências de ambos tenderão a aumentar. Se, no entanto, houver uma qualquer interacção entre os dois genes, então as diferenças de valor adaptativo podem até alterar a direcção evolutiva de um ou de ambos. Um exemplo deste fenómeno está ilustrado na tabela 3.2., e é baseado em dados reais de polimorfismos genéticos de duas variantes cromossómicas de uma espécie australiana de gafanhoto, *Moraba scurra*, a *bl,BL* no cromossoma CD, e a *td,TD* no cromossoma EF. Podemos ver, na tabela, que as variações de valor adaptativo de um daqueles polimorfismos são fortemente influenciadas pelo outro genótipo. O genótipo do cromossoma EF com maior valor adaptativo é o *td/td* quando no outro cromossoma está presente a forma *bl/bl*, mas o genótipo

TABELA 3.1. - Valores adaptativos hipotéticos de genes independentes.

	AA	*Aa*	*aa*
BB	0,60	0,70	0,80
Bb	0,75	0,85	0,95
bb	0,80	0,90	1,00

TABELA 3.2. - Valores adaptativos dos nove genótipos para as variações de *BL,bl* e de *TD,td*, no gafanhoto australiano, *Moraba scurra*.

Cromossoma EF	Cromossoma CD		
	bl/bl	*bl/BL*	*BL/BL*
td/td	0,791	1,000	0,834
td/TD	0,670	1,006	0,901
TD/TD	0,657	0,657	1,067

com maior valor adaptativo será *TD/TD* se o seu correspondente for *BL/BL*. Para analisar o comportamento de dois genes na evolução de uma população, temos que considerar o valor adaptativo médio da população, à medida que simulamos, em simultâneo, diversas variações para aquelas duas entidades genéticas. Podemos calcular o valor adaptativo médio da população em quaisquer combinações de frequências daqueles dois sistemas cromossómicos, e representar o valor adaptativo médio como a elevação acima de um plano cujas dimensões correspondam às frequências dos tipos cromossómicos *BL* e *TD*. Isto está ilustrado numa espécie de mapa topográfico, na figura 3.1., em que as frequências das variantes *BL* estão marcadas em abcissas, e as de *TD* em ordenadas, e o valor adaptativo médio de cada possível população está representado pela elevação acima do plano da página, num traçado semelhante ao das curvas de nível de uma carta topográfica. O valor adaptativo exibe dois «picos» (P), um no canto inferior direito, em que a frequência de *TD* e de *BL* atinge os 100%, e o outro muito perto do limite superior, onde a frequência de *TD* é nula e a de *BL* ronda os 55%. As «depressões» do valor adaptativo (V) estão em cantos opostos. A regra da dinâmica da população é variar de maneira a que pareça estar a escalar um «pico». Mas que «pico» é esse? Existem dois resultados finais possíveis para o processo evolutivo, sendo que o que se verificar depende da constituição genética inicial da população. As linhas com setas indicam a evolução prevista para aquela população, partindo de condições inicias diferentes. É de salientar o facto de diferenças muito pequenas nas condições iniciais, no canto superior direito (percursos 2 e 4) poderem conduzir a distanciamentos extremos, no que respeita ao resultado final. O terceiro percurso ilustra a forma como a escalada daquela montanha da adaptação pode atingir um patamar entre dois picos, e ali ficar estagnada devido ao equilíbrio que encontra naquele ponto preciso. O quinto percurso é ainda mais complexo. Durante aquele trajecto evolutivo, cuja ascensão adaptativa é lenta e suave, a frequência do cromossoma TD decresce, inicialmente de 95% para cerca de 55%, após o que inverte a direcção, chegando aos 100%. Se não soubéssemos da existência do sistema ST/BL, diríamos que o valor adaptativo de *td,TD* invertera a

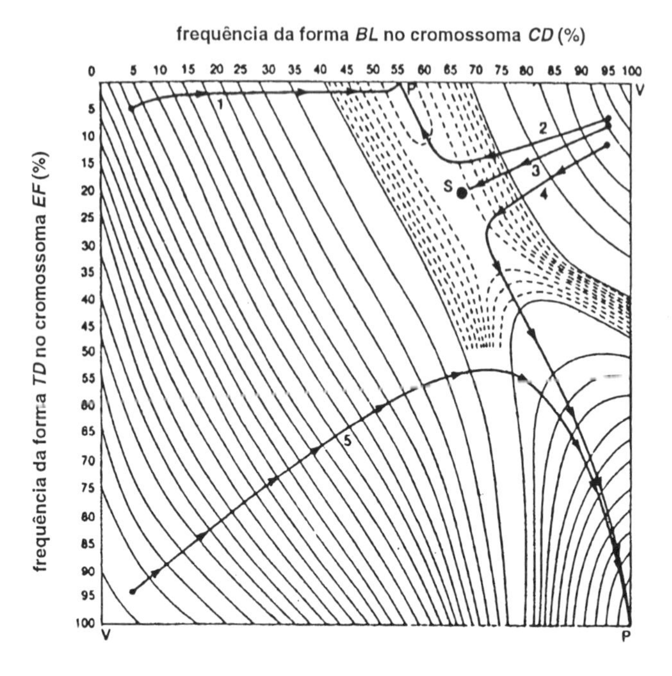

FIGURA 3.1. – Topografia de valores adaptativos para os dois sistemas cromossómicos do gafanhoto australiano, *Moraba*. No eixo horizontal encontram-se as frequências da forma *BL* no cromossoma CD, e no eixo vertical, as frequências da forma *TD* no cromossoma EF. As linhas da topografia fazem coincidir genótipos com o mesmo valor adaptativo. Os «picos» de valor adaptativo estão assinalados em P, as «depressões» em V, e um valor de equilíbrio em S. As linhas com setas mostram os percursos evolutivos previstos, a partir de condições iniciais diferentes.

sua direcção evolutiva, pelo que deveria ter ocorrido uma qualquer alteração ambiental. De certa forma isto é verdade, uma vez que o par *bl,BL* constitui um ambiente genético para *td,TD*, e à medida que as frequências de *bl,BL* se alteram o ambiente para os genótipos de *td,TD* também sofre mudanças constantes, pelo que o valor adaptativo dos polimorfismos varia. Este comportamento complexo de entidades genéticas independentes (*bl,BL* e *td,TD*) é uma consequência do seccionamento do genoma daquela espécie, de uma forma inapropriada à resolução do problema, pois embora os polimorfismos de *bl,BL* e de *td,TD* sejam geneticamente distinguíveis, formam uma unidade fisiológica com nove variantes alternativas, tendo cada uma das quais o seu valor adaptativo próprio. Não existe nenhuma realidade biológica de valor adaptativo para os dois sistemas cromossómicos em separado. Temos que ser extremamente cuidadosos quanto à lição a tirar deste caso, pois nada comprova que possamos partir do princípio que diferentes partes do genoma de um organismo possam ser encaradas como elementos causais independentes. Por vezes é possível e por vezes não, tudo depende das diferenças genéticas consideradas, em que espécies, e com que factores ambientais. Não existem regras de aplicação universal para seccionar organismos. Nos Estados Unidos da América, que estão divididos em estados, cada qual com o seu governo e as suas leis, é frequente dar-se a impossibilidade de afirmar qual a lei a ser aplicada sem conhecer o estado onde está ser julgado o respectivo caso. Quando questionado acerca de um parecer jurídico, um advogado americano responderá «depende da jurisdição». E em Biologia, portanto, também depende da jurisdição.

A variedade de resultados possíveis para um processo evolutivo, ilustrado com o exemplo da *Moraba*, não é uma peculiaridade isolada, mas sim uma característica geral às alterações evolutivas. A aplicação do modelo da máquina à vida induziu os biólogos a ignorarem uma das características mais comuns aos sistemas físicos: a sua dependência em relação às condições inicias. Se eu disser que viajei 25 km para este e 40 km para sul, é impossível afirmar que fui ter a Milão sem saber que parti de Varese. Esta dependência das condições iniciais não é, no entanto, típica das máquinas cujo funcionamento é independente da respectiva história de invenção e aperfeiçoamento. O mecânico não precisa de conhecer a linha de montagem dos automóveis, nem a data de invenção do motor interno de combustão, para saber como consertá-los. Mas o biólogo não é um mecânico. É impossível compreender os organismos dos nossos dias sem levar em consideração a sua história. Todas as espécies resultam de um processo histórico e irrepetível que parte das origens da vida e que poderia ter ocorrido de muitas outras maneiras. A evolução não é um desdobramento, mas sim um percurso errante, com um passado de contingências, que avança através do espaço das probabilidades. Parte da contingência histórica deve-se ao facto de as condições físicas em que a vida evoluiu terem, elas próprias, uma história de eventualidades, mas a principal fonte de incerteza na evolução advém da existência de uma multiplicidade de vias possíveis, mesmo quando as condições exteriores são constantes. Da parte dos evolucionistas que formulam explicações adaptativas para as características dos organismos, a atitude de encarar toda e qualquer diferença entre espécies como uma consequência incontornável da acção de forças selectivas diferentes, é um preconceito. No simples caso das variações cromossómicas em *Moraba*, tal não se verifica, pois as diferenças de valor adaptativo que existem entre os nove genótipos são constantes e não diferem entre quaisquer populações que evoluam por trajectórias diferentes. Contudo, os resultados são radicalmente diferentes. É um facto que populações sujeitas a condições de selecção idênticas podem atingir patamares evolutivos muito distintos, pelo que as diferenças entre espécies não pressupõem uma evidência obrigatória de diferenciação por adaptação. São muitos os casos de grupos de espécies aparentadas que apresentam uma grande variedade de formas, todas derivadas de uma característica comum, e nos quais não parece haver meio de encontrar um exemplo de selecção para cada uma. Os ceratopsídeos, um grupo de dinossauros, tinham cornos nas suas cabeças, muito semelhantes aos dos actuais rinocerontes, e placas que se projectavam da base crânio para formar um grande mesentério ósseo cervical, com a aparência de um colar (figura 3.2.). É admissível que se especule acerca da razão de ser daqueles ornamentos do esqueleto dos ceratopsídeos herbívoros, apontando funções como a protecção contra ataques de predadores carnívoros ou a agressão, em lutas entre indivíduos da mesma espécie. O que não é fácil de explicar é a imensa variabilidade ocorrida no número e tamanho dos cornos, bem como nas dimensões dos colares ósseos, entre espécies, pois ao longo do tempo não existe qualquer tendência para o aumento do tamanho daqueles traços e os ceratopsídeos de pequeno porte viveram no mesmo período dos grandes ceratopsídeos. A espécie actual com uma característica equivalente é o rinoceronte africano, com dois cornos, e o indiano, com um. Poderemos efectivamente argumentar que algo no ambiente africano favorece o aparecimento de dois cornos longos, de implantação nasal, enquanto as condições selectivas da Índia favorecem o aparecimento de apenas um, largo e

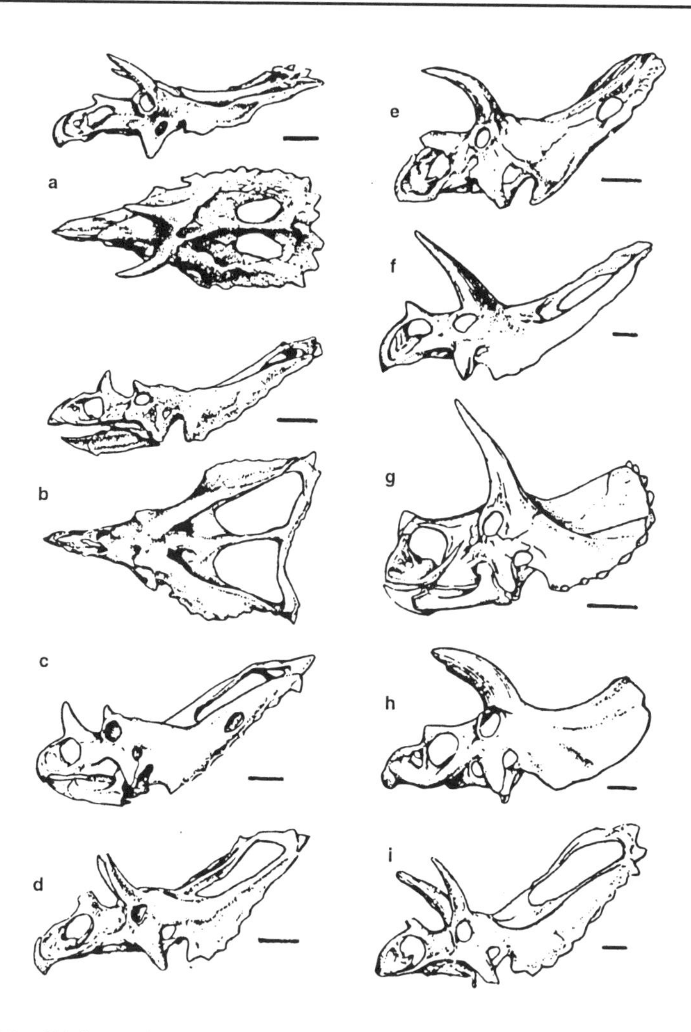

FIGURA 3.2. – Crânios de diversos ceratopsídeos, onde se podem ver cornos e colares cervicais de dimensões diferentes.

curto? A explicação mais simples é que aquelas duas características resultam do mesmo processo selectivo, que actuou, a princípio, sobre patrimónios genéticos diferentes, tal como foi exemplificado com o caso do gafanhoto.

O carácter incerto dos resultados de um processo de selecção natural surge de um fenómeno ainda mais elementar, que é a própria origem da variabilidade. O mecanismo darwiniano de evolução envolve a selecção de variantes genéticas preexistentes, de modo a enriquecer a espécie com alguns genótipos e a reduzir a frequência de outros. Não pode haver selecção de uma característica em particular, se não houver, na população, pelo menos alguma variabilidade genética que afecte aquela característica. É escusado argumentar que a selecção natural favoreceria um vertebrado com duas asas, para além dos quatro membros, porque os genes que controlam o início da segmentação no embrião de vertebrado nunca foram alvo desse tipo de variabilidade ou, se o foram, não sobreviveu nenhum genótipo que permitisse um desenvolvimento em tudo o resto normal. A variabilidade genética depende da ocorrência de mutações, e estas são raras. Uma qualquer mutação no ADN, tem uma probabilidade de ocorrência, igual ou inferior a um em cem milhões. Além disso, quando se dá uma mutação, mesmo uma que seja favorável, a probabilidade de que aquela não chegue à geração seguinte é razoável, uma vez que o portador pode não transmiti-la à descendência. O período de tempo necessário para que uma mutação muito favorável ocorra e alcance uma frequência suficientemente elevada para ser relevante no processo de selecção pertence à mesma ordem de grandeza do tempo de vida total de uma espécie, pelo que, muitas mutações que seriam seleccionadas nem sequer se dão. Uma espécie tem que sobreviver com a variabilidade de que efectivamente dispõe e, além disso, as mutações passíveis de surgir são condicionadas pelo próprio estado genético da espécie. Cada mutação corresponde a uma única substituição no ADN. Para produzir uma variante genética útil, sob o ponto de vista da selecção, a sequência daquela molécula pode ter que reunir não uma, mas diversas mutações, cada qual do tipo exacto. Uma vez que os vertebrados são animais com quatro membros, poderão ser necessárias muitas mutações, sem que nenhuma delas seja útil por si só, para que finalmente surja uma variante que sirva de base à evolução de asas, num organismo em que se mantenham as patas. Na obra *Henrique IV*, de Shakespeare, o imponente Owen Glendower vangloria-se dos seus poderes, exclamando: «Eu posso invocar os monstros das profundezas!», ao que Hotspur responde: «Também eu posso, tal como podem os meus homens, mas será que os monstros vêm quando os invocares?». A selecção pode apelar, mas é possível que as mutações não lhe respondam.

Uma consequência do tamanho intermédio e da heterogeneidade dos seres vivos é o facto de serem o ponto de confluência de um grande número de forças globalmente determinantes, mas individualmente pouco intensas. O movimento elíptico de cada planeta é plenamente determinado pela sua massa, velocidade e distância em relação aos outros e ao sol. No extremo oposto da escala de grandeza, as propriedades químicas e físicas dos átomos decorem do número de electrões, protões e neutrões que os constituem. As propriedades e os movimentos de sistemas muito grandes ou muito pequenos, e efectivamente homogéneos, são determinados por um pequeno número de forças interactivas, tendo cada uma delas um efeito considerável sempre que é alterada. O estudo destes sistemas tem sido o modelo da Física, e o imenso sucesso da Física e da Química na previsão ou na manipulação da natureza, é uma consequência da enorme relevância causal de factores individuais. Reproduzindo valores constantes de umas poucas variáveis manipuláveis, aqueles comportamentos podem ser efectivamente copiados. Por vezes, os resultados finais revelam uma grande sensibilidade a ligeiras diferenças nos parâmetros iniciais, mas esta é uma questão de exactidão, mais do que da complexidade dos processos. Assim, a meio da viagem de uma sonda espacial enviada a Saturno, é possível corrigir cálculos, pois as forças gravitacionais, cinéticas e de inércia bastam para que a trajectória da sonda seja facilmente previsível e manipulável. Para a Biologia, o problema do modelo da Física, tido como paradigma da ciência, é que aquele não é aplicável, uma vez que análogos da massa, velocidade e distância não existem nos organismos. Como resultado, não é o primeiro livro dos *Principia Mathematica*, de Newton, que lhes é relevante, mas sim o segundo. A vida existe num meio viscoso, os seres vivos são sensíveis ao atrito e demasiado pequenos e distantes uns dos outros para interagir gravitacionalmente; as suas colisões não são elásticas, as suas formas, massas e centros de gravidade alteram-se continuamente; se vivem na água flutuam, e os seus caminhos estão sob a influência constante de forças externas e internas. A característica de um ser vivo é o facto de reagir a estímulos externos, em vez de ser passivamente impulsionado por eles. A vida de um organismo consiste em constantes correcções imprevistas.

Os organismos também são, internamente, extremamente heterogéneos. Os seus estados e movimentos decorrem de muitos percursos causais que se interceptam, não sendo comum que a variação normal de qualquer um desses percursos tenha efeitos significativos no resultado final. O estado de doença é precisamente uma situação de subjugação a uma cadeia de causas. O estado de obsessão por uma ideia fixa que motiva todas as nossas acções, ou acreditar que todos os comportamentos dos outros à nossa volta, sem distinção, são hostis, são formas de doença mental. Ser-se vítima de uma disfunção hepática ou renal, de um tumor maligno ou até de uma infecção respiratória tratável, corresponde a estar sob o domínio de um elemento fisiológico anormal. Com efeito, podemos definir «normalidade» como a condição em que nenhum factor causal, por si só, controla o organismo.

A multiplicidade de encadeamentos causais, todos de fraca influência quando nos seus parâmetros normais, apresenta uma dificuldade particular à compreensão dos processos biológicos. Todas as tentativas de conhecimento das causas, têm que necessariamente envolver a observação de variações. Não é possível imputar uma causa a um efeito sem que a causa putativa, e o seu efeito, possam ser observados a variar conjuntamente. O método padrão para análise genética, por exemplo, consiste em usar as variações embriológicas e fisiológicas decorrentes de mutações génicas, para atribuir funções concretas aos genes. Existem duas possíveis vias para o estudo das causas da variabilidade. Uma delas é o estudo dos sistemas no seu estado natural, em que se observam as correlações entre diversos aspectos da sua condição. De facto, este é o método empregue pelos fundadores da moderna mecânica dos corpos celestes, Galileu, Kepler e Newton. As leis de Kepler são generalizações dos comportamentos regulares deduzidas das diferenças entre as órbitas dos diversos planetas, e a sua aplicação continua a ser a principal técnica empregue pelos físicos da cosmologia actual que, afinal, têm que encarar o universo tal como o vêem. Para os biólogos este é o método comparativo da história natural, a fonte das famosas «leis» ou «normas» de variação que, na realidade, mais do que serem relações consistentes, não passam de expressão das tendências, como é exemplo a Norma de Bergmann, segundo a qual os animais de sangue quente são de maior porte nas zonas mais frias do que nas mais quentes. A explicação causal formulada é que o quociente da área de superfície corporal pelo volume diminui com o aumento de tamanho, e que a preservação do calor corporal é um problema para os animais de zonas muito frias, pelo que, quanto menor a área da superfície corporal, melhor. Em Biologia, o número de regras deste género, estabelecidas numa base puramente correlacional que decorre da observação da natureza, não é muito grande, e se atentarmos às tendências gerais, as explicações não são facilmente testáveis, precisamente porque toda a informação disponível já se volatilizou na formulação da generalização. O fracasso da tentativa de encontrar regularidades iguais àquelas descritas por Kepler nas observações da natureza, é uma consequência da multiplicidade dos mecanismos causais. As pretensões causais, por norma, estão em igualdade de circunstâncias, mas em Biologia todas as outras coisas quase nunca são iguais. As diferenças naturais entre efeitos, observadas nos organismos, normalmente não têm regularidade suficiente no que respeita à variação própria das causas individuais, porque as variáveis individualmente relevantes sob o ponto de vista causal são, cada qual, muito fracas nos seus efeitos, para dominar o grande número das restantes variantes. Como resultado, os biólogos, tal como os outros cientistas, recorrem a experiências nas quais são deliberadamente introduzidas perturbações. No entanto, ao contrário do estudo do sistemas físicos, a Biologia apresenta um importante efeito de gradação. Se um organismo normal corresponde ao ponto de afluência de um conjunto determinante de forças, que individualmente são fracas, então a cobaia que é seriamente perturbada por uma única variação causal para que um efeito seja convenientemente demonstrado é um organismo anormal. Em Biologia, o problema de cada caso é ter a certeza que as perturbações experimentalmente induzidas em grande escala revelam as causas das mais pequenas diferenças naturais. Em genética, esta é uma questão importante. Uma mutação drástica num dos genes *homeobox*, em *Drosophila*, revela certamente que a activação do gene desempenha um papel central no desenvolvimento das asas do insecto. Mas não explica a variação normal que ocorre no tamanho das asas, a não ser que possa igualmente ser demonstrado que tal variação está, de facto, associada a ínfimas diferenças na sequência do ADN daquele gene, e que não existem outras fontes de variação relevantes. Embora actualmente tenhamos evidências para o facto de as variações que ocorrem nas sequências dos genes *homeobox* afectarem, efectivamente, o tamanho das asas, seria surpreendente se afectassem a maior parte ou a totalidade das possíveis variações do tamanho daqueles pêlos, em todas as populações de *Drosophila*. Durante um certo período, o controlo de selecção foi uma das técnicas experimentais mais usadas na exploração das causas genéticas para a variabilidade morfológica normal. Neste método, apuravam-se duas estirpes reprodutoras, uma de indivíduos com uma determinada característica muito pronunciada, por exemplo as asas muito longas, que serviam como progenitores, e a outra estirpe com a mesma característica na variante oposta (asas muito curtas), que da mesma maneira, serviam como reprodutores. Após um número suficiente de gerações, as duas linhagens, designadas por «grande estirpe» e «pequena estirpe», serão muito diferentes no que respeita ao tamanho das asas, e serão usadas em cruzamentos com indivíduos provenientes de diversos fundos genéticos, a fim de ser possível a determinação da localização cromossómica dos genes que codificam a diferenciação de ambas. São os «genes para o tamanho das asas». Um característica comum a estas experiências era o facto de ao serem repetidas com outras estirpes, os «genes para o tamanho das asas» acabavam por acusar localizações sempre diferentes. O equivalente dos nossos dias, para aquelas experiências, é a tentativa de encontrar os genes responsáveis por patologias psiquiátricas, como é o caso da esquizofrenia ou da neurose maníaco-depressiva, através do estudo das possíveis formas de transmissão familiar, sem marcadores cromossómicos identificáveis. Os resultados são invariavelmente inconsistentes, pois numa na história de transmissão de uma família «o gene da neurose maníaco-depressiva» é inequivocamente localizado num determinado cromossoma, enquanto noutra família o mesmo gene aparece num cromossoma diferente. Não tendo em conta possíveis erros experimentais e estatísticos, esta aparente incongruência é perfeitamente compreensível em virtude da imprecisão da definição da característica patológica e da multiplicidade de processos genéticos que devem contribuir para estruturação do sistema nervoso central. Não devemos esperar que alterações genéticas pontuais, embora drásticas, experimentalmente induzidas ou fruto do azar de mutações que ocorrem espontaneamente, expliquem toda a variação que, normalmente, a natureza cria.

O que é verdade para os distúrbios genéticos, também é para alterações químicas, físicas, ou quaisquer outras. No seu estado normal, os organismos têm mecanismos homeoestáticos que os protegem contra os efeitos de muitas alterações internas e externas. O controlo da temperatura corporal, que nos mamíferos é conseguido através de alterações no ritmo cardíaco, nos níveis plasmáticos de açúcar e de hormonas, na dilatação e contracção de vasos sanguíneos e da musculatura subjacente à pele, e no posicionamento dos pêlos, constitui um exemplo bem conhecido. Um outro é o grande número de mecanismos celulares de retroacção [*feedback*] que mantêm os períodos de divisão e as taxas metabólicas sob um controlo apertado, e que podem assegurar uma constância ao padrão de desenvolvimento, independentemente da existência de factores genéticos e ambientais que os perturbem. No entanto, todos estes mecanismos de homeostase funcionam apenas dentro de certos limites de distúrbio, pelo que se este for demasiadamente forte, o organismo reage. O controlo da temperatura corporal perde-se após um curto espaço de tempo de imersão em águas geladas, ou extremamente quentes. A mesma limitação existe para a regulação embriológica. Todos os indivíduos normais de *Drosophila* têm quatro pêlos dorsais de grandes dimensões, os escutelos. Se no genoma das moscas for provocada uma mutação drástica, o número de escutelos diminuirá, mas aparecerá uma variação considerável, entre indivíduos, pois alguns não terão quaisquer escutelos, e outros terão um ou dois. Os ensaios de selecção têm revelado que esta variação é, em grande parte, uma consequência de diferenças genéticas que já existiam nos indivíduos normais, mas que não podia ser observada enquanto o programa de desenvolvimento não fosse severamente posto à prova, como é o caso de uma mutação muito grave. Assim, se o desenvolvimento embrionário se realizar dentro dos limites de normalidade, aquela variação genética não surte efeitos.

A existência de mecanismos de homeostase com limites apertados, significa que os sistemas biológicos têm limiares de disparo para os efeitos das variações perturbantes. Pequenas variações naturais que ocorram no decurso dos mecanismos causais em relações de causa-efeito não terão qualquer impacto, mas as perturbações extremas, experimentalmente induzidas, expõem o organismo a uma panóplia de condições desajustadas do seu funcionamento normal. Os biólogos da genética evolutiva gostariam muito de saber se a selecção natural faz distinções entre certas variações genéticas conhecidas nas espécies. Mas se assim for, é quase certo que as alterações provocadas na composição das populações são demasiado lentas para serem observáveis pelo investigador, tendo em conta o seu tempo de vida. As diferenças fisiológicas de genótipos podem ser largamente exacerbadas através da manipulação experimental das condições exteriores adequadas, mas que conhecimento acerca da genética das populações naturais nos trará essa abordagem?

As limitações da biologia experimental na manipulação de uma ou de um pequeno número de causas, através de perturbações violentas, tem influenciado profundamente os tipos de explicações que os biólogos fornecem, pois as limitações metodológicas são confundidas com as explicações correctas dos fenómenos. A afirmação constante da determinação dos organismos pelos seus genes é uma consequência da facilidade com que grandes alterações genéticas são induzidas em experiências, e do grande impacto dos efeitos surtidos nos objectos experimentais. Para além disso, só são considerados os fenómenos que se prestam ao método. Os geneticistas da biologia do desenvolvimento questionam-se acerca da diferenciação das extremidades anterior e posterior dos animais, e da formação dos principais segmentos do corpo, porque se conhecem defeitos genéticos que alteram esses processos. Mas não sabem como questionar o facto de o tamanho e forma da cabeça e das pernas variarem entre indivíduos da mesma espécie, mesmo entre espécies diferentes, e por isso nunca fazem estas interrogações.

O terceiro motivo para insucesso do modelo clássico da máquina na biologia, surge de algumas dificuldades que se encontram quando se separam causas e efeitos. O conceito de retroacção está hoje em dia firmemente integrado no uso dos sistemas físicos, como resultado do desenvolvimento da cibernética e da teoria do controlo. Estamos habituados à ideia de que uma perturbação numa parte de um sistema articulado pode ser a causa de um efeito numa outra parte, que por sua vez passa a ser a causa de um outro efeito na primeira. Esta forma de explicar é a regra em muito do conhecimento em citofisiologia e metabolismo, em alguns modelos de regulação da expressão génica nas primeiras fases do desenvolvimento embrionário, em aspectos de neurobiologia e em fisiologia geral. O domínio destas explicações, em Biologia, remete para as situações em que a velha metáfora simplista da máquina era directamente aplicável. A célula, ou o organismo, já não é entendido como um conjunto de rodas dentadas e de alavancas, mas sim como um sistema de vias de sinalização, que permite aos mecanismos de retroacção a manutenção da estabilidade das taxas e dos processos de transporte. Tem que haver sempre um modelo. Costumava ser um relógio, agora é um servo-motor. «Regulação» é uma das palavras mais empregues na biologia das funções. No entanto, noutras áreas desta ciência, particularmente em ecologia e em evolução, não existe nenhum modelo electro-mecânico que dê um formato ao sistema. Como resultado, as características abstractas da velha metáfora mecanicista continuam a dominar a compreensão das causas e dos efeitos. No segundo capítulo discutimos o modelo da natureza, segundo o qual existe uma força exterior, o ambiente preexistente, que impõe ao organismo os «problemas» a resolver, e forças interiores de variação que geram, pela parte dos organismos, as «soluções». Os seres vivos traçam as alterações externas autónomas da natureza. Sob este ponto de vista, o ambiente exterior é a causa, os produtos morfológicos, fisiológicos e comportamentais da evolução de um organismo constituem o efeito, e a selecção natural é o mecanismo através do qual a causa externa, de carácter autónomo, se traduz em efeitos. Mas, como foi demonstrado no capítulo anterior, esta imagem assimétrica das causas e dos efeitos não comporta a verdade acerca da relação entre os organismos e os seus ambientes. Tal como as alterações imediatas nos organismos são o efeito da selecção natural num dado ambiente imediato, essas alterações tornam-se a causa de mudanças nesse mesmo ambiente. No primeiro capítulo argumentei que um organismo não está codificado nos seus genes porque o ambiente em que o seu desenvolvimento ocorre tem que ser considerado. Mas no segundo capítulo sugiro, paradoxalmente, que o ambiente está codificado nos genes do organismo, uma vez que as actividades deste constroem o ambiente. Conjuntamente consideradas, as relações entre genes, organismo e ambiente são recíprocas e nelas os três elementos funcionam como causas e efeitos. Os genes e o ambiente são causas, relativamente aos seres vivos que, por sua vez, são as causas dos ambientes, pelo que também os genes o são, através dos organismos.

A imagem clássica de evolução pode ser formalmente representada em duas equações diferenciais em função do tempo:

$$(1) \qquad dE/dt = f(E)$$

e

$$(2) \qquad dO/dt = g(O, E)$$

De acordo com a primeira equação, existe alguma variação ambiental ao longo do tempo que é, integralmente, uma função de variáveis ambientais; e de acordo com a segunda, o processo de alteração no organismo é uma função do ambiente, bem como do estado do próprio organismo.

Uma vez que a primeira equação é determinável apenas em função do ambiente, pode ser resolvida para termos uma história temporal completa do mesmo. Esta solução, quando aplicada à segunda equação, permitirá então o acesso a toda a história evolutiva do organismo, inteiramente direccionada pelo processo ambiental, que é autónomo. No entanto, acontece que a situação real é que a evolução se traduz por duas equações diferenciais associadas:

(3) $dE/dT = f(O, E)$

(4) $dO/dT = g(O, E)$

Então, as histórias do ambiente e dos organismos correspondem a funções de ambos. As equações têm que ser resolvidas em conjunto, a fim de ser possível descrever a co-evolução mútua, na qual ambos funcionam como causa e efeito.

Há uma última questão, relativa às causas, que surge da multiplicidade dos processos causais dos sistemas biológicos, e da sua natureza material enquanto sistemas funcionalmente coordenados. Refiro-me à distinção entre causas e agentes, com os quais há uma confusão que em área alguma é tão visível como nas ciências médicas. É vulgar falar-se de causas de morte que, nas sociedades industrializadas, são particularmente as doenças cardiovasculares e o cancro. É imenso o esforço empregue no esclarecimento dos respectivos mecanismos etiológicos, na esperança de os prevenir, ou atenuar, para que as pessoas deixem de morrer por esses motivos. Mas, suponham que todas as formas de doenças cardiovasculares e oncológicas podiam ser tratadas ou prevenidas com sucesso. Significaria isso que deixaríamos de morrer? Numa análise vulgar de causas, fazemos a distinção entre as que são necessárias e as que são suficientes. Se algo é uma causa necessária para um efeito, então se a evitarmos, escapamos às consequências. Por outro lado, uma causa que seja suficiente pode ser eliminada, sem que tal anule o efeito, uma vez que uma outra pode tomar o lugar da que banimos; mas se uma causa suficiente estiver presente, então o respectivo efeito será inevitável. Contudo, nesta análise primária, nem a morbilidade cardiovascular nem a oncológica são necessárias, nem sequer suficientes, enquanto causas de morte. Sofrer de uma destas doenças não garante que dela se morra, tal como o contrário não nos traz a imortalidade. Nenhuma delas é necessária ou suficiente para causar a morte. Na realidade, pertencem a um grande conjunto de causas próximas. É possível evitar qualquer uma delas, mas é impossível evitá-las as todas, por isso, se não morrermos de uma, morremos de outra. Mas por que há-de ser esta a situação? Se as causas de morte são funcionalmente independentes, então deverá ser possível escapar a todas e, de facto, os objectivos da medicina implicam esta possibilidade, sem no entanto a explicitarem. Os investigadores clínicos falam de «impedir» a morte através da cura, mas a este respeito, as evidências provam-nos que não nos podemos «impedir» a morte, apenas «adiá-la», na melhor das hipóteses. E mesmo assim, o «adiamento» não se tem revelado tão frutífero como foi por vezes aclamado ao longo destes últimos cinquenta anos de enormes progressos na fisiologia, na biologia celular e na medicina. A esperança de vida à nascença para um homem branco, nos E. U. A., aumentou sete anos desde 1947, mas isto não acontece em virtude de as pessoas estarem a viver por mais tempo. O tempo de vida não cresceu, e o número de anos de vida ainda expectáveis para o autor deste livro, um homem branco de 69 anos, aumentou apenas dois anos. Embora manipulemos melhor um certo número de causas de morte, entre si próximas, é inevitável morrermos. Então, terá que haver um fenómeno que cause a morte, distinto dos processos de morbilidade, que se definem melhor por «agentes». Os agentes consistem em meios alternativos para uma causa, que opera sempre, embora por formas diversas, pois se uma causa não se efectuar através de um agente, efectuar-se-á por outro. À luz deste princípio, a causa de morte consiste no facto de os seres vivos serem dispositivos electro-mecânicos, constituídos por elementos físicos que se articulam por razões puramente termodinâmicas que, sofrendo desgastes, eventualmente acabam por deixar de funcionar. Os elementos perdem a funcionalidade ao fim de períodos que variam entre os indivíduos, e alguns deles são mais susceptíveis a falhas do que outros, ou têm uma localização mais crítica. O motor do meu carro terá que acabar na sucata, porque o motor de arranque, ou o de transmissão, ou sistema eléctrico há-de avariar-se definitivamente, devido ao uso e à degradação. É claro que eu poderia mantê-lo para sempre, substituindo indefinidamente cada peça, mas não é certo que após cada reposição de uma peça, o motor seja o mesmo. Há uma história de uma zona rural de Vermont, na qual um homem se vangloriava de ter um machado de família, com 150 anos. Quando lhe perguntaram como era possível, o homem respondeu que sempre tinham cuidado muito bem do machado, renovando-lhe sete vezes o cabo, e três vezes a lâmina.

A distinção entre causas e agentes pode ter efeitos importantes nas acções que são levadas a cabo com fins humanitários. Na Europa do século XIX, as principais «causas» de mortalidade não eram as doenças cardiovasculares nem o cancro, mas sim as infecto-contagiosas. As estatísticas mostram que os principais agentes letais eram a difteria, a varíola, a tuberculose, a bronquite, a pneumonia e, nas crianças, o sarampo. Aquando da época do primeiro registo sistemático de causas de mortalidade, na década de 1830, as taxas de óbitos de cada uma daquelas doenças estavam em declínio e na altura da Primeira Guerra Mundial tinham já diminuído 90%. Qual a razão para aquela mudança drástica? Não foi a descoberta dos patogéneos, uma vez que não houve qualquer efeito observável naquelas taxas depois da divulgação da teoria etiológica do germe, por Robert Koch em 1876. Não foi a utilização de fármacos modernos, uma vez que 90% a 95% da redução das taxas de óbito devidas àquelas «causas» tinham já ocorrido quando os antibióticos passaram a fazer parte da clínica corrente, depois da Segunda Guerra Mundial. Nem foram as melhores condições sanitárias, pois todos aqueles agentes letais se propagavam pelo ar, e não pela água. Também não pode ter sido inteiramente devido a medidas de prevenção para a saúde pública. No século XIX, o sarampo era a doença fatal mais comum entre as crianças, mas nos anos de infância do autor deste livro já não matava ninguém e todas as crianças o contraíam. A melhor explicação que temos é o facto de no século XIX se ter verificado um aumento progressivo nos salários, o que permitiu um melhor estado nutricional para as populações da Europa, bem como uma diminuição da carga horária laboral. À medida que as pessoas se alimentavam e vestiam melhor, e lhes sobrava mais tempo de descanso, para recuperarem do trabalho árduo, os seus organismos, estando num estado fisiológico menos debilitado, encontravam-se mais bem preparados para recuperar da agressão adicional provocado por uma infecção. Então, ainda que ficassem doentes, sobreviviam. As doenças infecto-contagiosas não eram as causas de morte, mas sim os agentes. As causas de morte da Europa de tempos longínquos eram as mesmas dos actuais países do Terceiro Mundo: excesso de trabalho e subnutrição. A conclusão a tirar deste exemplo, é que o principal factor de mortalidade em África não depende do estado da medicina, mas sim da situação da economia internacional.

A mesma distinção entre causas e agentes é relevante para os problemas de poluição e a para gestão dos desperdícios. Quando as acções cíveis interpostas por particulares são bem sucedidas, travando um qualquer processo industrial que envenena os trabalhadores, ou destrói recursos naturais, ou conduz à acumulação de resíduos não degradáveis, a produção muda para um processo diferente, no qual outros venenos e desperdícios são produzidos e outros recursos são consumidos. Para fabricar papel têm que se abater árvores, e o processo de fabrico contamina o ar e a água com sulfitos, mas a substituição do papel por plástico implica o consumo de petróleo, que gera um produto não degradável. Os mineiros deixaram de morrer com os pulmões negros, nas minas de carvão, desde que este foi substituído pelo petróleo. Em vez disso, morrem de cancro, causado pelos produtos das refinarias. Os sulfitos, a desflorestação e os depósitos de resíduos não degradáveis não são as causas da degradação das condições da vida humana, são apenas os agentes. A causa é a fraca racionalidade de um plano de produção anárquico que, tendo sido desenvolvido pelo capitalismo industrial, foi adoptado pelo socialismo industrial. Neste caso, tal como em todos os outros, a confusão entre causas e agentes impede uma confrontação realista com as condições que suportam a vida humana.

Índice

Paginação, impressão e acabamento
Papelmunde - SMG, Lda.
para
EDIÇÕES 70, Lda.
Junho 2001